吹填场地静动组合排水固结技术与实践

吴名江　乐绍林　孟宪鹏　吴价城　丁继辉/著

吴　澎/主审

人民交通出版社股份有限公司
China Communications Press Co.,Ltd.

内 容 提 要

本书针对新近吹填场地非均质性明显、二元结构、静置时间短、差异沉降显著等技术难题，研究了非均质吹填场地静动组合排水固结技术设计方法，通过室内试验研究了非均质吹填场地软土沉降—固结基本规律和固结特性，通过现场试验研究了各类吹填场地的静动组合排水固结技术的适用性、参数设计方法及施工工艺和动力排水固结的动力特性等。

全书共分8章，主要内容包括：吹填场地静动组合排水固结设计，吹填场地软土沉降—固结特性试验研究，吹填堆载降水预压强夯联合排水固结技术，短程超载真空预压动力排水固结联合技术，立体式组合动力排水固结技术，吹填场地表层真空预压及深层排水固结技术和动力排水固结动力特性试验研究等。

本书可为从事岩土工程中软土地基加固的设计、施工及科研人员和高等院校相关专业师生提供参考依据。

图书在版编目(CIP)数据

吹填场地静动组合排水固结技术与实践 / 吴名江等著. — 北京 : 人民交通出版社股份有限公司, 2017.12
ISBN 978-7-114-14134-8

Ⅰ. ①吹… Ⅱ. ①吴… Ⅲ. ①软土地基－地基处理－研究 Ⅳ. ①TU471

中国版本图书馆 CIP 数据核字(2017)第213750号

书　　名：吹填场地静动组合排水固结技术与实践
著 作 者：吴名江　乐绍林　孟宪鹏　吴价城　丁继辉
责任编辑：黎小东　张　淼
出版发行：人民交通出版社股份有限公司
地　　址：(100011)北京市朝阳区安定门外外馆斜街3号
网　　址：http://www.ccpress.com.cn
销售电话：(010)59757973
总 经 销：人民交通出版社股份有限公司发行部
经　　销：各地新华书店
印　　刷：北京市密东印刷有限公司
开　　本：720×980　1/16
印　　张：13.25
字　　数：213千
版　　次：2017年12月　第1版
印　　次：2017年12月　第1次印刷
书　　号：ISBN 978-7-114-14134-8
定　　价：60.00元

作者简介

吴名江

吴名江，男，1969年4月出生，高级工程师。1991年毕业于桂林冶金地质学院工程地质专业，现任武汉二航路桥特种工程有限责任公司副总工程师。

主要从事岩土工程专业的勘察、设计、施工、监测及研究工作。主持和参与了包括“汕头东部新城市政道路建设软地基处理工程”在内的三十余项软土地基设计、现场原位检测与施工项目；取得国家专利“短程超载真空预压-动力排水固结联合法”软土地基处理工法、“控制次固结沉降的软土地基处理方法”、“非均质场地软土地基立体式组合动力排水固结系统和方法”等十四项；获得省部级科学技术奖三项、省级工法两项。

乐绍林

乐绍林，男，1965年10月出生。1985年毕业于广州航务工程学校港口工程专业，现任武汉二航路桥特种工程有限责任公司总工程师。

主要从事港口工程与桥梁工程材料、地基与结构方向的科研与管理工作。主持和参与了十余项省部级研究课题，取得了十余项科研成果。其中，成果“软土地基短程超载真空预压动力排水固结处理施工工法”和“软土地基吹填堆载降水预压强夯联合处理施工工法”被评为湖北省工程建设工法，成果“等截面混凝土连续梁桥整跨下放拆除技术研究”和“混凝土箱梁桥面CFRP-环氧砂浆组合加固技术研究及应用示范”获中国施工企业管理协会科技创新成果一等奖。取得“吹填场地条带状路基的握裹式预压排水固结系统”、“一种绳割入土式埋设水平排水通道的装置”、“一种用于软土地基埋设水平排水通道的方法及其装置”等国家专利十一项。参编技术规程《港口工程粉煤灰混凝土技术规程》、《港口工程粉煤灰填筑技术规程》；发表论文二十余篇。

孟宪鹏

孟宪鹏，男，1961年2月出生，教授级高工。1983年毕业于华北水利水电大学水工建筑力学专业，现在武汉二航路桥特种工程有限责任公司工作。

主要从事地基基础工程、软土地基处理、现场原位检测与施工等工作。主持和参与了十余项软土地基设计、现场原位检测与施工；取得“一种可显示深度的排水板施工装置”、“一种软基处理中监测管与真空膜连接结构及连接施工方法”、“用于桥梁体系转换的防冲击装置”等国家专利6项；获得科学技术奖7项，包括中国施工企业管理协会一等奖一项，中国公路学会二等奖一项，中国节能协会二等奖一项，中国水运建设行业协会三等奖一项，中国交建三等奖一项；发表论文十余篇。

吴价城

吴价城，男，教授级高工，博士生导师。1964年毕业于北京地质学院水文地质及工程地质专业，现任武汉二航路桥特种工程有限责任公司顾问。

主要从事矿床开采、水文地质与工程地质、矿山环境地质、供水水文地质与岩土工程勘察设计评价，软土地基处理的勘察、设计与沉降计算研究。主持和指导完成了数十项大中型工程的地基处理设计与施工；曾获国家工程勘察金质奖二项、银质奖一项，部级科研成果一等奖一项、二等奖二项、三等奖二项。发表论文“高真空击密法——一种软土地基处理新工艺”、“抽水试验测试技术国内外状况简介”、“浅谈供水水文地质勘察的若干问题”、“国内软土地基处理技术现状与发展趋势”等数十篇；主编专著《环境地质基础》。

丁继辉

丁继辉，女，1962年3月出生，河北大学教授，水工结构工程硕士，工程力学博士。

主要从事故障诊断、岩土工程可靠性、流固耦合失稳理论和地基基础工程及软基处理等方面的研究工作，主持和参加了十余项省级和厅级课题研究，取得十余项科研成果。其中，成果“复合地基优化成套技术试验研究及工程应用”获得河北省科技进步二等奖；成果“河北省地基承载力可靠性研究”、“地基基础工程设计CAD研究与开发”、“地基基础工程可靠性设计理论及应用研究”、“复合地基可靠性设计理论及应用研究”、“复合地基动承载力的计算方法和组合桩复合地基的动力特性”、“复合地基在地震荷载作用下受力特性研究与应用”等六项获河北省科技进步三等奖。主要编著《地基工程可靠性设计原理与应用》、《基础工程设计及实用程序设计》、《浅基础工程及程序设计》，主编《土力学》，参编河北省工程建设标准《刚性芯夯实水泥土桩复合地基技术规程》等。发表学术论文近60余篇，EI收录近20余篇。

序

武汉二航路桥特种工程有限责任公司在长期的工程实践中，不断深入研究吹填场地的工程特性和各类处理方法的适用性，针对吹填场地的非均匀性明显、二元结构、静置时间短、差异沉降显著等技术特点，不断探索和研究以静为主、以动为辅、以静为本、以动为促、无静莫动的组合理念和精细化分区方法，以充分发挥静载和动载在吹填软土排水固结过程中的各自优势，从而达到吹填场地快速排水固结并消除差异沉降的目的。

近些年，公司在总结实践经验的基础上，先后形成了快速消除不均匀沉降的软土地基处理方法、吹填堆载降水预压强夯联合法、短程超载真空预压—动力排水固结联合法、控制次固结沉降的软土地基处理方法、立体式组合动力排水固结法等静动组合排水固结方法系列专利技术，并结合公司承担的多项吹填场地地基处理工程，对专利技术的适用性和处理效果开展了深入研究。基于以上系统研究，公司组织专利发明人、研究人员和工程技术人员共同完成了《吹填场地静动组合排水固结技术与实践》专著的撰写。因此，本书是公司集体智慧的结晶。

本专著各章的主要内容和特色如下：

第 1 章详细分析了吹填土的工程特性，系统论述了针对吹填土固结特性、静力法、动力法和静动组合法排水固结技术的研究历程，提出了吹填场地处理的主要问题。

第 2 章论述了吹填场地地基处理的设计内容、分区设计步骤、吹填场地分区原则，静动组合技术的排水系统和加压系统的设计方法，并给出了相应的经验参数取值。

第 3 章以汕头市东部城市经济带市政基础设施建设项目软土地基处理试验段为依托，通过室内试验，对非均质吹填场地软土在自重作用下的沉降—固结特性进行了研究，得到了不同初始含水率和不同含砂比组成的非均质吹填软土的沉降—固结基本规律。

第4章以上述工程为依托，针对表层厚砂和泥砂互层吹填场地的特点，通过现场试验对比了“塑料排水板＋挤密砂桩＋堆载”（静载）法和“吹填堆载降水预压强夯联合（静动组合）法”的处理效果。

第5章以福建福安市鑫茂冷轧硅钢有限公司新厂区吹填场地软土地基处理工程为依托，针对该场地表层薄砂、下伏厚泥的特点，通过现场试验，研究了短程超载真空预压动力排水固结联合法处理厚层淤泥吹填场地的适用性。

第6章以浙江余姚经济开发区滨海新城路网软基处理工程为依托，针对该场地粉土夹淤泥的复杂土层分布特点，通过现场试验，研究了竖向重力抽水和水平向真空吸水相结合的立体式组合动力排水固结法的加固效果。

第7章以汕头市东部城市经济带市政基础设施建设项目软土地基处理工程为依托，通过现场试验，对比研究了“塑料排水板＋深层真空预压＋堆载＋降水＋动力固结”方案和“塑料排水板＋真空联合堆载预压（深层）＋降水＋动力固结”方案两种静动组合法的处理效果。

第8章通过现场和室内强夯动力特性试验，研究了在强夯振动作用下，夯沉量与夯击数的关系；强夯能量的衰减规律及动力响应规律等。

本书内容丰富，资料全面，技术价值较高。读者阅读后可对吹填场地静动组合排水固结技术的设计方法和施工工艺等有全面系统的认识。本书的出版对软土地基处理学科的技术进步作出了贡献，对类似工程场地地基处理技术研究和工程建设具有借鉴和参考价值，可为从事岩土工程中软土地基加固处理的设计、施工及科研人员和高等院校相关专业师生提供参考。

吴澍

2017年6月20日

前　　言

新近吹填场地具有非均质性明显、结构性强、前期沉降时间短、含水率高（几乎处于流塑状态）等特点，传统的饱和软土地基处理技术已经无法满足现在工程的要求。自2007年以来，武汉二航路桥特种工程有限责任公司结合汕头市东部城市经济带市政基础设施建设项目软基处理工程、福建福安市鑫茂冷轧硅钢有限公司新厂区吹填场地软土地基处理工程、浙江余姚经济开发区滨海新城路网软基处理工程等，开展了一系列室内试验和现场试验。通过室内试验研究了不同初始含水率和不同颗粒组成的非均质吹填场地软土沉降—固结基本规律，以及吹填土固结系数随固结荷载的变化规律。通过现场试验研究了吹填堆载降水预压强夯联合法、短程超载真空预压动力排水固结联合法和立体式组合动力排水固结法的适用性、参数设计方法和施工工艺等，分析了吹填软土地基加固过程中的地基土变形、孔隙水压力等变化规律及其对周围环境的影响。通过现场和室内动力特性试验，研究了在强夯振动作用下，夯沉量与夯击数的关系、强夯能量的衰减规律及动力响应规律等，取得了一系列研究成果和成功的经验，对吹填软土地基优化处理和新技术开发具有重要的意义。

本书即是上述研究成果和成功经验的系统总结。全书共分8章。第1章较为全面地论述了吹填场地排水固结技术的研究现状和吹填场地处理的主要问题；第2章阐述了吹填场地静动组合排水固结技术的设计方法，为工程应用提供设计依据；第3章以汕头市东部城市经济带市政基础设施建设项目软土地基处理试验段为背景，研究了非均质吹填场地软土沉降—固结特性；第4章将“塑料排水板＋挤密砂桩＋堆载法”和“吹填堆载降水预压强夯联合法”进行现场对比试验，研究了吹填堆载降水预压强夯联合法处理表层厚砂和泥砂互层吹填场地的适用性，提出了该方法的设计参数和施工工艺；第5章通过现场试验研究了短程超载真空预压动力排水固结联合法处理厚层淤泥吹填场地的适用性，分析了排水固结沉降与荷载的关系与变化，提出了该方法的设计参数和施工工艺；第6章介绍了立体式组合动力排水固结法加固粉土层（夹淤）吹填场地现场试验成果、施工工艺和加固效果；第7章通过现场试验研究了浅层真空预压技术进行浅表层处理的适用性，在此基础上提出“浅层真空预压+深层排水固结”技术处理超软土吹填场地的设计参数和施工工艺；第8章研究了动力排水固结中强夯动力特性及其规律。

参与本书编写工作的有：乐绍林、吴价城、孟宪鹏（第1章）；朱慈祥、李静和全小娟（第2章）；吴名江、龚伟伟、赵亚峰和王文周（第3章）；姜传刚、周跃龙、张华国、段庆松、孟宪鹏和陈统桂（第4章）；艾寒、李刚、李鹏和于琦（第5章）；张家振、李凡生和吴宏卫（第6章）；蒋小鹏、李少莉、林磊、周顺万和李旺准（第7章）；丁继辉、王立鹏和陈伟（第8章）。全书由吴名江、丁继辉和全小娟负责统稿，全国工程勘察设计大师吴澎对本书进行了主审并作序。

本书在完成的过程中，引用了一些专家、学者的科研成果，由于篇幅所限，文献目录未能全部列出，在此表示衷心的感谢。

限于作者水平，书中不妥之处，恳请读者批评指正。

作　者

2017年8月

目　　录

第1章 绪 论

1.1 吹填场地排水固结技术研究现状

吹填场地是在整治和疏通江、海、河、湖水域时，采用挖泥船和泥浆泵，把淤积泥砂以泥浆形式吹填到岸边或施工场地内，并逐步沉积而成的场地。近年来，世界上土地资源日趋紧张，为有效抵御沿海潮汐危害，扩大土地资源，缓解土地资源紧张[1]，各国都在持续不断地进行围海造陆或吹填造陆建设。荷兰是世界上最早实施围海造陆的国家，40%以上国土是围海造陆形式建成的；日本长期进行大规模人工造陆，提出“百年再造一个日本国土”计划；韩国新万金围海造陆工程形成良田2.83万km^2，年产粮食14万吨；新加坡等国近年均实施了不同规模的吹填造陆工程。

我国古代就有填海造陆、围湖造田的记载。近50年来全国围海面积达11000~12000km^2，如：浙江省已围出1650km^2的土地、上海市围出730km^2的土地、江苏省围出2270km^2的土地。河北省唐山曹妃甸工业区面积310km^2，全面实施围海工程，首都钢铁公司主厂区建在20km^2的吹填场地上；天津通过吹填造陆造就了天津塘沽新港，同样通过对海河的疏浚造出了市区大面积土地。此外，新建的澳门机场、珠海机场、正在建设的大连机场扩建工程、上海机场扩建工程以及深圳机场三期工程等都是重要的围海造陆建设工程。

吹填土的颗粒组成随砂粒、粉粒和黏粒含量的不同有较大差别，一般具有含水率大、压缩性强、强度低等特点，且经过多次吹填的堆积土在横纵深方向上变化较大，呈现出明显的不均匀性特征，如：在吹填口土粒粒径较大，距离吹填口越远，粒径越小。由于吹填土的颗粒组成不同导致在吹填土场地的处理上遇到了许多新问题，随着这些新问题的解决，极大地推进了吹填土地基处理技术和理论的发展。

吹填土地基处理可分为两大类：复合地基法和土质改良法。复合地基法处理吹填土地基单位造价较高，如：每平方米的造价是堆载预压法的2~5倍，且质量难以控制。在土质改良法中，排水固结法是一种较好的地基处理方法。排水固结法分为静力排水固结法、动力排水固结法和静动组合排水固结法。

1.1.1 吹填土的分类及特性

1.1.1.1 吹填土的分类

吹填土由水力冲填泥砂而形成，是我国沿海一带常见的一种人工填土。根据《吹填土地基处理技术规范》（GB 51064—2015）[2]，吹填土可分为粗颗粒土、细颗粒土和混合土三个类别。粗颗粒土可按颗粒组成及其特征分为砂土类和粉土类。细颗粒土可按天然含水率、塑性指数分为黏性土类、淤泥质土类、淤泥类。混合土可按不同类土的含量分为淤泥和砂的混合土类、黏性土和砂或碎石的混合土类。具体吹填土的分类及标准如表1.1-1所示。

吹填土分类及标准　　表1.1-1

<table>
<tr><th colspan="2">吹填土分类</th><th>土　名</th><th>分类标准</th></tr>
<tr><td rowspan="6">粗颗粒土</td><td rowspan="5">砂土类</td><td>砾砂</td><td>$d>2.0$mm，颗粒含量占总质量的25%~50%</td></tr>
<tr><td>粗砂</td><td>$d>0.5$mm，颗粒含量大于总质量的50%</td></tr>
<tr><td>中砂</td><td>$d>0.25$mm，颗粒含量大于总质量的50%</td></tr>
<tr><td>细砂</td><td>$d>0.075$mm，颗粒含量大于总质量的85%</td></tr>
<tr><td>粉砂</td><td>$d>0.075$mm，粒含量大于总质量的50%</td></tr>
<tr><td>粉土类</td><td>粉土</td><td>$d>0.075$mm，颗粒含量小于总质量的50%，$I_P \leq 10$</td></tr>
<tr><td rowspan="7">细颗粒土</td><td rowspan="2">黏性土类</td><td>粉质黏土</td><td>$10<I_P\leq 17$</td></tr>
<tr><td>黏土</td><td>$I_P>17$</td></tr>
<tr><td rowspan="2">淤泥质土类</td><td>淤泥质粉质黏土</td><td>$36\%<w\leq 55\%$，$1.0<e\leq 1.5$，$10<I_P\leq 17$</td></tr>
<tr><td>淤泥质黏土</td><td>$36\%<w\leq 55\%$，$1.0<e\leq 1.5$，$I_P>17$</td></tr>
<tr><td rowspan="3">淤泥类</td><td>淤泥</td><td>$55\%<w\leq 85\%$，$1.5<e\leq 2.4$</td></tr>
<tr><td>流泥</td><td>$85\%<w\leq 150\%$</td></tr>
<tr><td>浮泥</td><td>$w>150\%$</td></tr>
<tr><td rowspan="6">混合土</td><td rowspan="2">淤泥和砂的混合土类</td><td>淤泥混砂</td><td>淤泥干土质量超过总质量的30%</td></tr>
<tr><td>砂混淤泥</td><td>淤泥质量超过总质量10%且小于或等于总质量30%</td></tr>
<tr><td rowspan="4">黏性土和砂或碎石的混合土类</td><td>黏性土混砂</td><td>黏性土质量超过总质量的40%</td></tr>
<tr><td>砂混黏性土</td><td>黏性土质量超过总质量10%且小于或等于总质量40%</td></tr>
<tr><td>黏性土混碎石</td><td>黏性土质量超过总质量的40%</td></tr>
<tr><td>碎石混黏性土</td><td>黏性土质量超过总质量10%且小于或等于总质量40%</td></tr>
</table>

1.1.1.2 吹填土的工程特性

由水力冲填方法形成的吹填土一般具有不均质性显著、天然含水率高、透水性差、排水固结困难、压缩性高、抗剪强度低、触变性和流变性强等特性。

（1）不均质性显著

江、海、河、湖水域底部的疏浚土，随输送泥管搬运后进行沉积而形成吹填土，其颗粒组成随泥砂来源而变化，有砂粒、粉粒还有黏粒。随着距离吹填口距离的增加，沉积的土颗粒逐渐由粗变细，即距离吹填口越近，沉积的颗粒越粗，距离越远，颗粒越细。在吹填过程中，由于泥砂来源的变化，造成吹填土在纵横深方向上的不均质性显著，故土层多呈透镜体状或薄层状。

（2）天然含水率高、透水性差

因水力冲填是在泥水的水环境中沉积，特别是由于水力冲填疏浚清淤的细粒土的颗粒很小，故在沉积过程中的沉降速度很慢，且沉降时又多形成絮凝状结构，因此导致这类吹填土具有很高的饱和性。

该类吹填土的含水率高，有的高达100%～300%。当黏粒含量较高时，土层中的水分不易排出，透水性差，虽经过晾晒蒸发，表面干缩龟裂，但下面土层中的水分很难排出，稍加触动即发生触变现象。

（3）排水固结困难

因吹填软淤泥土的固结系数 C_v 一般较小，因此排水固结困难。一般砂土的 $e_0<5$，其 $C_v \geqslant 0.0008\text{cm}^2/\text{s}$；而吹填淤泥土的 $e_0>5$ 时，其 $C_v<0.0008\text{cm}^2/\text{s}$。这里所说的固结系数是指固结压力约为50kPa条件下的固结系数[3]。

（4）压缩性高

吹填土多属于未固结、高压缩性软土，其压缩系数一般都在0.5～2.0MPa^{-1}以上，最大可达4.5MPa^{-1}。其压缩性随着天然含水率及液限的增加而增加。

（5）抗剪强度低

由于吹填土的不均质性显著、透水性差和高饱和性，其土体十分松软，多呈软塑或流塑状态，其强度非常低。刚吹填完成后的较短时间内，难以承受行人荷载。吹填软土的内摩擦角 φ 值大多小于或等于 10°，有的甚至接近于 0°；黏聚力 c 值一般在 5 ~ 15kPa，有的趋近 0，因此抗剪强度很低。经排水固结后软土的抗剪强度有所提高，但由于排水很慢，其强度增长也很缓慢。

（6）触变性强

吹填土在沉积一段时间后，具有絮凝结构，在未被破坏时，具有一定的结构强度。但一经扰动，土的结构便被破坏。当吹填土中含亲水性矿物多时，结构性强，其触变性更加显著。

（7）流变性强

吹填软淤泥具有流变性，其流变规律包括蠕变特性、流动特性、应力松弛特性和长期强度特性。

蠕变性是指在一定荷载的持续作用下，土的变形随时间增长的特性；流动特性是指该土体的变形速率为应力的函数；应力松弛特性是指在变形稳定条件下，应力随时间减小的特性；长期强度特性是指该土体在长期荷载作用下，土体强度随受荷时间的增加而改变的特性。江、海、河、湖岸边软土及其吹填土的流变性，特别是软土体的蠕变性，对边坡、堤岸的稳定性极为不利。

1.1.2 吹填土的固结特性研究现状

吹填土在固结过程中经历了从孔隙较大的流态到孔隙比较小的固态的变化过程，孔隙比在此过程中发生较大的改变。土体的渗透性和压缩性均与土体的孔隙比有关，与原状软土固结特性相比，含水率较高的吹填土固结过程中渗透性变化较大。经典的固结理论对吹填土的固结适应性较差。现场试验的结果也表明，采用传统的固结理论计算高含水率吹填土的固结度，计算结果与实际固结度相差较大。因此，探讨吹填土固结系数随固结荷载的变化规律，并提出或改进适用于吹填土固结理论和固结度的计算方法，对加固方案的合理设计及施工监测等都具有重要的意义。

吹填土强度和变形等力学性质研究较早，1925 年开始出现吹填土固结解析解[4-8]。1957 年陈宗基指出太沙基提出的固结理论不能全面描述次固结过程，并对吹填土三维黏土固结理论进行了深入研究[9]。1967 年 Gibson 提出了一维大变形非线性固结理论[10]，并将渗透系数和压缩系数的变化参数引入了固结方程中，其解答能够反映土体固结的几何非线性形状。1987 年采用显式差分与隐式差分相结合的方法，建立了吹填土一维大变形固结计算模型，预测了施工期的泥浆充填量，结果表明与实际相符[7]。1991 年采用有限差分法，将统一固结理论应用于室内试样和现场土体固结的计算[18]。1992 年采用太沙基理论分析了饱和黏性土主、次固结变形[19]。1994 年应用连续介质力学理论，用欧拉描述法建立了空间构形下饱和土体三维有限变形的固结微分方程及其增量表达式[20]。2001 年推导了饱和软黏土的 U. L. 描述的增量有限元方程，在连续方程中引入了大变形的体应变度量，简化了计算过程，提高了计算效率[22]。2004 年和 2008 年基于多相连续介质力学的理论，把土体抽象为叠合连续体，建立了有限变形下固—液耦合渗透固结问题的数学模型及失稳条件，通过实例对有限变形和小变形理论下的压力场、位移场和应力场等进行了分析[33,34]。

吹填土加固初期不能采用一般的试验手段进行力学特性测定，需通过监测孔隙水压力的消散情况来间接反映吹填土的力学强度增长[11-14,19]。固结完成后再进行十字板剪切或者固结剪切试验，进而分析其强度特征[15]。1981 年研究了泥浆的力学性质，指出泥浆固结速度受边界条件的影响，排水时泥浆固结速度要比不排水时快得多。吹填土初始沉降符合 Stokes 定律，孔隙比随深度呈抛物线变化，3 ~ 5h 后土颗粒之间才开始相互接触，传递粒间应力[16]。吹填土的颗粒组成不同，其自然沉积规律差别很大。目前国内外诸多学者已对吹填土的自然沉积规律展开了大量研究[40-65]。1981 年将自重沉积过程分为 3 个阶段，即絮凝段（Flocculation stage）、沉降段（Settling stage）、固结段（Consolidation stage）[41]。1986 年、2007 年借助离心机模型进行了相应的试验研究[43,47]。1997 年分析了深圳地区吹填淤泥的物质组成特征、微观结构以及吹填土的物理力学特征，指出吹填淤泥的工程性质与海相淤泥工程地质性质相差悬殊[23]。1999 年研究了吹填淤泥的物质组成、力学性质、微观结构、渗透特性及固结特征，分析了吹填淤泥的工程地质特征[24]。2000 年研究了海积软土的工程性状，指出在初始状态下的吹填土含水率高、孔隙比大、压缩性高、强度极低[25]。2003 年、2004 年对比吹填土的不同地区粒度成分和矿物成分，提出吹填土结构强度的概念，从微观结构角度，定量地描述了吹填土结构强度的增长机理[28,29]。2011 年、2013 年利用分层抽取法研究了泥砂沉积变化过程，得到了不同时间段的含水率（密度）分布、颗粒分布、超孔隙水压力消散变化等试验结果[51,56]。2014 年以深圳河及深圳湾水底淤积泥沙为研究对象，通过室内沉降柱模拟了淤积泥砂自重沉降固结过程，发现沉降历时与泥砂初始浓度、黏粒含量有关[62]。2015 年通过开展不同盐度下疏浚淤泥自然沉积试验，探讨了盐度对疏浚淤泥沉积规律的影响[63]。

总体来说，非均质吹填土在自重作用下的颗粒沉降—固结过程十分复杂，规律并不明确，导致传统的参数取值和计算方法并不完全适用于非均质吹填场地设计，从而严重影响施工的经济性。

1.1.3 吹填场地静力排水固结技术研究现状

吹填场地静力排水固结技术包括堆载预压法、真空预压法、降低地下水位法和电渗法，以及堆载预压法、真空预压法和降低地下水位法联合预压法等，为处理吹填淤泥土场地软土地基的常规技术。

堆载预压法是传统的预压方法，易施工，造价较低，但工期较长。堆载预压法的首级荷载应大于处理软土层的先期固结压力，且满足稳定性要求，宜用于泥砂互层、处理深度较大（>15m）、有机质含量大于 5%、堆载土料取土近、可循环使用、工期不急的项目。

真空预压法不需要堆载材料，不存在稳定性问题，无噪声，对环境友好，易于施工，工期相对较短，但必须具备良好的密封系统。由于真空吸力会造成排水板的堵塞，有效预压时间不宜大于 150d。此外场地外侧变形（内收）速度和变形量与软土含水率、压缩模量有关，最大影响距离当软土厚度大于 15m 时可达 12～20m，应注意对外侧建（构）筑物的防护，宜用于处理厚度不大于 20m 或单层淤泥质软土不大于 15m、承载力特征值不大于 80kPa、表层砂土层埋深较浅且厚度不大、有机质含量小于 5% 的场地。

降水预压法简单有效，在降水深度范围内的土体强度在数天后明显得到增长；不存在整体稳定性问题，不需要分级加载，但受到土层条件的限制，对渗透系数小于 10^{-6}cm/s 的黏土层，若无水平向夹砂层，采用井点降水很难有明显效果。降水预压法适用于地下水位埋深浅、软土层上覆厚度不小于 3m 的透水性良好的砂类土、拟处理的软土物理力学性状较好（含水率小于 60%、压缩模量大于 2.3MPa、承载力特征值大于 50kPa）的场地。

1952 年瑞典地质学家 W. Kejllman 教授提出真空预压加固软土地基方

法，初步阐述了真空预压法的机理，同时进行了小型现场试验。我国在20世纪50年代末期开始真空预压技术研究，天津大学、南京水利科学研究院、同济大学等通过室内试验和现场试验，研究真空预压技术的适用性。1959年采用试水预压法加固软弱吹填土地基，对真空预压法进行了改良[66]。早期对真空预压技术的研究，主要采用室内试验和现场试验方法研究其适用性。但是由于当时技术手段和材料方面的限制，早期试验均不理想，很难大面积应用。1958年美国采用真空井点降水与排水砂井相结合的方法，对费城机场扩建工程进行了地基处理，整个场地的真空度达到380mmHg（50.7kPa）。日本横滨武丰火力发电厂也应用了该方法加固软土地基，膜下真空度达到了405mmHg（54kPa）。20世纪70年代日本东北地区新干线上，采用真空预压加固第七号谷地的泥炭土和混有有机质的淤泥地基，膜下真空度达到478mmHg（63.7kPa）。1982年日本采用袋装砂井和排水纸板作为垂直排水通道，采用抽真空与抽水相结合的方法加固大阪南港，第一期加固工程膜下真空度达到500～600mmHg（66.7kPa），而在第二期膜下真空度始终保持在630mmHg（84kPa）。标志着真空预压技术的应用达到了一个新的阶段。在这一阶段，在抽真空设备和密封技术上有了很大的改进，使得真空预压技术开始成熟，并大规模应用于软基处理。1980年以来，我国以交通部第一航务工程局为主，天津大学、南京水利科学研究院联合攻关，在工艺上采用射流泵代替真空泵，膜下真空度稳定在530mmHg（70.7kPa），最大可达600mmHg（80kPa），真空预压技术有了突破性发展。国内外开始对吹填土进行不同方向的深入研究[67-69]，其内容涉及施工、测试、监测和固结机理等[70-73]。

我国经济的快速发展、沿海地区土地资源的严重紧缺使得吹填场地施工技术不断进步，吹填土加固方法包括堆载预压、超载预压、砂井排水、袋装砂井排水、塑料板排水及真空预压等，其共同特点是加速排水固结[74,75]。针对排水体四周淤堵，排水效率降低的问题，多数学者对真空预压加固软土的工法进行了改良，并提出了分级真空预压法[76-78]。2005年提出了真空预压计算的简化计算方法[79]。

管井降水最初应用于比利时，1931年在比利时的Antwerp越江隧道工程中成功应用，新中国成立初期此技术引进入我国。轻型井点降水法主要是在井点系统中形成真空，并在真空作用下将地下水经排水管路系统排到地表。

由井点周围形成的真空区通过砂井向土体四周扩展，井点周围的地下水通过砂井在真空吸力作用下，经过滤器被强制性吸入井点系统内而降低井点周围的地下水。在抽水过程中，真空外的地下水位在水头差作用下以重力方式流动。因此，通常把轻型井点降水叫作真空降水法，也被称为真空-重力抽水法，只有在真空力和重力作用下，才能降低基坑或地基的地下水位，同时形成降水漏斗抛物线。

目前，真空预压及真空联合堆载预压等抽真空相关的软土地基处理技术已经广泛应用于港口、仓库、机场、高速公路、市政设施、人工岛和堤坝边坡工程，膜下真空度一般都能达到90kPa以上，最大单块加固面积可达10万 m^2，与堆载预压相比，虽造价稍高，但有工期短、加固效果明显等优势。2001年根据堆载及真空预压加固地基超孔隙水压力的变化情况，建立了堆载及真空预压加固地基地下水位及测压管水位的理论分析方法和计算公式[80]。2002年建立了真空堆载联合预压的渗流模型，给出了渗流的基本方程及基本解[81]。

自1983年以来发展了真空联合堆载预压法，从理论和实践方面验证，真空和堆载加固效果可以叠加。各种静力排水固结法的改进主要依赖于以下几个方面[82]：

（1）真空预压施工工艺的改进：如通过吹填淤泥作为密封层，在原有真空预压加固软土地基工艺基础上取消密封膜；采用将抽气管插入竖向排水体或用密封接头套住排水板口等手段改进工艺，可取消砂垫层与水平排水管；

（2）真空预压施工机械的改进：如由IFCO公司和Mastenbroak公司共同开发的深层挖掘机，可以同时完成三项功能：深层挖掘、埋设挖掘和填充砂料，形成由砂墙、砂墙底部的集水管和地表的集水总管组成排水系统，采用黏土封口，通过抽气抽水加固软土地基；

（3）联合工法的应用：如真空预压结合降低地下水位、真空预压结合电渗法、真空预压结合碎石桩法、真空井点降水堆载联合加固软土地基的尝试与应用。

1.1.4 吹填场地动力排水固结技术研究现状

动力排水固结法在国内是20世纪末发展起来的。该方法首先在上海、广州河口地段粉类、粉砂类土体的围海造地工程中采用，后逐渐扩大到我国沿海地区饱和软黏土的围海造地工程中。动力排水固结法是动力固结与排水系统相结合，排水系统为动力固结提供通道，动力固结导致的高孔隙水压力通过垂向与水平排水通道快速消除，使拟处理地基土体排水固结，提高密实度，减小工后沉降和消除液化。

动力排水固结的基本特点（1997）[83]是以强夯法为基础并依据工程地质条件与施工技术要求进行排水系统设计，然后按设计要求填土到预定高程，再进行动力夯击，利用动力荷载及填土荷载促使软土加速排水固结。由于动力荷载的多次反复作用及排水条件的较好改善，再加上软土之上的水平排水体及上覆的土层又能使动荷载作用产生的附加应力保持一定时间，从而促使软土地基中的孔隙水快速消散且不断地排出土体，地基强度不断得到提高，其处理效果远远优于强夯法。

动力排水固结法是一种完全不同于传统强夯法的强夯施工工艺，采取的是夯击能由轻到重，夯击遍数增加，总的单位夯击能与传统强夯相当的设计参数。其加固原理类似于预压法，软土的有效应力为一个逐渐增加的过程，土体的强度不断提高。采用低夯击能首先使上层土体密实而不导致软土结构破坏，在夯锤底及夯坑壁产生的微裂隙可提高软土的渗透性，并与竖向、水平向排水通道结合，快速消散夯击产生的超高孔隙水压力。随着每遍夯击能的提高，土体逐渐往下加固，强度也不断提升。通过多达 4 ~ 5 遍或更多遍的夯击和同步进行排水预压，可取得较好的效果[84]。

动力排水固结法是一种在强夯法的基础上发展而来的复合型软土地基处理方法。传统强夯法由法国 Menard 公司于 1969 年创立，又称动力夯实法[85]，是用夯机将很重的夯锤吊起到一定的高度后让夯锤自由落下，冲击产生的巨大能量将对土体进行强力夯实、振密和压实地基土，以增强地基土的强度，改善力学性能，起到加固地基土的目的[86]。

近年来，在理论和试验研究的基础上，通过改进传统的强夯工艺、增设竖向排水板并采用明沟、集水井（坑）、井点降水的动力排水固结方法越来越多的应用于饱和软黏土地基和近海吹填土地基的加固工程中。1995 年在珠海红旗区观湖小区和深圳皇岗口岸商业服务区的软基加固工程成功地应用了该方法[87]。1996 年结合某地基加固场地，通过现场试验研究了动力排水固结法的加固效果，实验表明：动力排水固结法可以较好地改善地基土的工程性质[88]。1998 年、2000 年在分析软黏土强夯机理特点的基础上，提出了适用于软黏土地基的强夯工艺，并通过工程试验验证了所选工艺的正确合理性[89,93]。1998 年结合上海某工程，对饱和软黏土地基在不同排水条件下的强夯效果进行研究，结果表明，动力排水固结法对于改善软黏土地基的加固效果是非常明显的[90]。1999 年通过动力排水固结法加固某机场的现场试验，提出了最佳夯击次数的确定标准和合理的收锤标准[91]。

动力排水固结的基本理论研究随着其工程应用而逐步开展起来，1981 年认为强夯对非饱和土的压密过程与击实法基本一样；对饱和无黏性土，强夯可消除其液化，类似于爆破震动对土体产生的压密作用；当强夯作用于饱和细颗粒土时，会在土体内产生竖向的裂隙从而增加孔隙水的排水通道，强夯产生的超孔隙水压力由于孔隙水的排出，使土体被压密[99]；认为强夯对土层的固结作用机理有三种：在强夯作用下使土体内气体排出的加密作用；使地基土内孔隙水排出土体的固结作用；使土体内的颗粒组成和形态发生改变，并且重新排列其颗粒成分结构的预压变形作用[100]。强夯不同于一般的固结理论，当强夯作用于土体时，应视土体为各向异性的、处于动态反应下的非弹性体。强夯作用时有加荷和卸荷两个过程，这两个过程中，土体的应力应变关系不同，且表现出明显的滞后效应[101]。1990 年提出的振动波理论认为，强夯产生的巨大冲击能以波的形式向土介质传播。强夯起加固作用的主要是纵波和横波，而面波则导致地基表面土产生松动[102]。1998 年在大量试验研究了饱和软黏土和砂土在冲击荷载作用下变形及孔隙水压力的变化规律的基础上，建立了一个冲击荷载作用下孔隙水压力的计算模式[103-105]。1998 年、2002 年通过对软黏土地基强夯加固机理的分析，提出了“先轻后重，逐渐加能，少击多遍，逐层加固”的强夯加固新工艺及相应的动力排水固结模型[106,107]。2010 年结合广州某软基处理工程实践，通过室内土工试验、原位测试、软土微结构试验，从宏观和微观方面分析了软土试验前后的物理力学性质和微观结构[108]。2012 年采用 GDS 动力三轴仪对天津临港地区典型原状粉质黏土进行了动力试验，研究了固结压力、动应力比、动静应力耦合、振动频率以及固结比对动荷载作用下饱和黏土动力特性的影响[109]。

随着各类数值分析软件的发展，数值模拟成为动力排水固结的手段之一。1998 年、2000 年，以比奥固结理论为基础，与土动力学相结合建立了相应的强夯数值计算模型，对强夯作用下土体内的质点位移变化进行了较准确的数值模拟[92,93]。2000年提出强夯的动力接触问题可以用单位脉冲荷载法来解决，并利用三维有限元程序计算了强夯动力响应[94]。2005年通过大变形几何非线性有限元法数值模拟强夯过程，研究强夯的加固机理，得到了强夯作用下土体的加固深度，以及土体的变形规律和土体内的应力分布规律[95]。2007年运用强夯大变形理论对其振动影响进行分析，对强夯过程中土体变形的瞬态过程进行了数值模拟，所得到的土表面的振动速度曲线与实测曲线相近。用量纲分析法推导了质点垂直振动速度与夯锤重量和距离的关系式[96]。2008年用显示瞬态非线性有限元法分析了强夯的冲击作用，得出了土体位移滞后于土体应力的结论[97]。2011年用FLAC^{3D}软件对动力排水固结的过程进行了数值模拟，分析了在动力荷载作用下孔隙水压力的涨消规律[98]。

强夯法在开始使用时，仅限于加固砂土和碎石土，经过20多年的发展，它已经适用于碎石土、砂土、低饱和度的粉土与黏性土、湿陷性黄土、杂填土和素填土等地基处理，对饱和度较高的黏性土，一般的强夯法，处理效果不显著。根据软土的工程性质，将强夯法与排水固结法相结合，根据现场地质条件、工程施工情况与技术要求进行排水体系设计，然后根据交工面高程填土到预定位置，再进行动力夯击。软土在夯击动力、填土静载联合作用下快速完成排水固结，可达到缩短固结时间，加速施工进度，节省工程造价的目的，该种方法被称为“动力排水固结法”。由于动荷载的多次夯击作用及排水条件的改善，软土之上的人工排水体及上覆土层形成的“硬壳层”又能促使动载作用产生的附加应力保持一定的时间，促使软土地基中产生的超孔隙水压力快速消散。该方法在造价上要比块石强夯法、粉喷桩法低，在使用范围上比传统的强夯法更为广泛。

1981年通过室内试验研究发现：强夯加固淤泥效果与夯击波的传播、触变性、土的破坏条件有关，并通过试验建立了夯锤重、落距、锤底面积和夯锤在土体表面产生的夯击荷载之间的关系表达式[110]；分析了残余孔压与剪应变之间的相互关系及循环荷载作用历史对剪切特性的影响；给出了一个较为完善的循环荷载作用下的固结理论[111]。1984年提出动力固结法实际上可以理解为是一种动力预压的方法，即在地基内设置竖向排水体系，缩短排水距离，使在动力作用下急剧上升的孔隙水压力因排水条件的改善而较快消散，加速土层固结[100]。1986年在动力固结仪上将饱和砂和淤泥在夯击荷载作用下一维固结的动力特性进行了对比研究[112]。2001 年提出了基于多孔介质的一种新的有效应力原理，当饱和土加载后，孔隙度的变化与孔隙水压力之间的关系是非线性的，它们之间的变化取决于初始孔隙度及初始孔隙水压力的大小[113]。2012 年提出采用“先轻后重、逐级加能、少击多遍、逐层加固”的动力排水固结法加固了饱和淤泥质软土地基，达到了理想的加固效果[114]。

强夯加固影响深度一直沿用 Menard 的经验公式，该公式仅考虑了锤重和落距的影响，不能反映夯锤底面积、土的类别、层次、颗粒大小及其联结强度、地下水位、夯击间距和夯击顺序等的影响。夯击时必须使土体中产生的动应力超过土的强度才能使土的结构遭到破坏，从而使土体被夯实。为此，实测夯击时锤底的动应力及土体中的动应力分布有助于更好地确定强夯加固深度。1981 年通过现场试验得出了动力加固海相沉积淤泥质黏土中超孔隙水压力的消散曲线，夯锤接触地面及吊离地面瞬间超孔隙水压力的变化波形[115]。1984 年通过室内试验对夯击时产生的锤底动应力进行实测，并对锤底动应力与加固深度之间的关系进行了探讨。认为：实测锤底动应力最大值与土的坚硬程度有关，一般在 25 ~ 90kg/cm^2；锤底面积大，应力扩散慢，加固深度大[116]。1986 年通过现场试验，测试了夯击在土体中产生的动孔隙水压力波形以及 2m 和 3.5m 处的振动加速度和动土压力[117]。1988 年认为强夯就是能量的转化，并提出了强夯的作用模型[118]。1992 年建立了滨海淤泥土层软土弹塑性固结模型[119]。1995 年通过珠海市红旗区观湖小区软基加固工程实践指出，强夯不仅能加快软土的固结过程，而且能给软土一定的荷载[120]。1996 年、2001 年通过动力排水固结法加固软土地基现场试验研究，得出如下结论：随着夯击次数的增加，超孔隙水压力稳定并达到一个最大值，再夯击时超孔隙水压力反而减小；不同位置的超孔隙水压力最大值出现在夯击时刻[121,122]。1997 年认为软土性质的改善取决于产生的超孔隙水压力能否迅速消散、软土本身的微观结构是否被严重破坏、本身的物理性质情况、荷载及排水条件如何；根据强夯过程中超孔隙水压力的大小和消散过程，推测强夯的影响深度，控制夯击遍数间的间隔时间[83,123]。1998 年通过现场测试数据分析证实了饱和软黏土地基采用强夯法是否可进行大面积处理的关键在于排水条件[90]；通过对强夯孔隙水压力、夯坑周围的隆起量及地基土物理力学性质的监测分析，说明了强夯处理地基土强度增长的机理[124]。2000年认为强夯法处理饱和软土地基时，除了应力波在软土体内形成裂隙外，需重视排水的作用[125]。

工程实践表明，动力排水固结法适用于大型仓储区、场区、道路、低层建筑物等的软黏土地基，该法具有施工简单、工期短且经济合理等优点，应用前景广泛。从目前的技术现状来看，以强夯法为代表的动力排水固结法无疑是满足日益高效的开发建设需求的最好选择，而强夯法的地层适用性缺陷使技术人员不断想办法拓展其地层的适用条件，或者创造条件进行强夯等动力固结。

1.1.5 吹填场地静动组合排水固结技术研究现状

吹填场地地基土颗粒细、孔隙比大、含水率高、强度低、渗透系数小，在夯击动力作用下，土中形成的超孔隙水压力难以及时消散。因此，单独使用强夯法难以有效加固软土地基。强夯法通过设置竖向排水通道改进土体排水条件并与其他静力排水固结法相结合，使得其在软基处理中得到广泛应用。近年来，多种地基加固方法联合应用，可以有效发挥各自的优势，相互补充，起到较好的加固效果。静动组合排水固结法是在传统的强夯法和堆载预压法、真空预压法及排水固结法基础上发展起来的组合方法。

动力排水固结法在工期上要比堆载预压法、真空预压法短，在工程造价上要比块石强夯法、粉喷桩法低，在使用范围上要比传统的强夯法广。国内外已经有许多成功应用该方法的工程[126]。静动荷载耦合的固结计算是将不排水条件下的动荷载作用的孔隙水压力发展模式与Terzaghi固结理论或者Biot固结理论加以耦合来定量求解超孔隙水压力的演化过程。

静孔隙水压力的发展影响动荷载作用下的孔隙水压力发展，动孔隙水压力和静孔隙水压力的消散是两个不同的固结过程。Seed（1977，1979）给出了基于各自孔隙水压力发展模式对地震荷载作用下孔隙水压力的增长和消散过程的解答[127,128]。1998年、2000年将动荷载和静荷载加以耦合，并阐述了“静动结合排水固结法”处理饱和软黏土地基的基本思想[104,129]。2011年通过东营港沉管砂桩联合预降水动力固结加固吹填软土地基试验，研究了强夯冲击荷载作用下吹填软土地基上超孔隙水压力的分布、消散和影响范围[130]。

近十多年，对非均匀沉降明显、静置时间短的新近吹填场地，提出一系列静动组合排水固结方法专利技术，解决了大规模吹填场地处理难题。

2006年提出对深层软土采用真空压力结合填土压力，使深层的软塑土体快速固结；浅层软土采用动力压差多次交叉排水作业来达到浅层地基快速形成一个高承载力、高均匀性的超固结的“持力硬壳层”[131]。2006年提出“短程超载真空预压—动力排水固结联合法”软土地基处理工法，采用静力排水固结与动力排水固结法的不同状态和节点组合，可处理松软土体厚度大于20m、岩性变异大和工后沉降、差异沉降要求较严的吹填场地[132]；提出以地质条件和技术指标为基础，精确划分施工片区，采用不同工法组合和不同工艺参数划分施工亚区，达到消除不均匀沉降的目的[133]。

2007年提出适用于处理吹填土及下伏软土组成的表层厚砂、泥砂互层的具有较大处理深度（松软土厚度大于15m）吹填场地的吹填堆载降水预压强夯联合软土地基处理工法，该方法具有工期较短、成本低、工后沉降小和承载力高等优点[134]；提出一种“浅层振夯击密与深层爆炸挤密联合高真空井点降水地基处理方法”，该法是采用地下深层爆炸挤密与地面机械振动或强夯浅层密实，以及高真空井点降水三者相结合的方式进行大面积软土地基处理。处理深度可达18m以上，特别适用于吹填土、粉土地基、软黏土与粉土或粉砂互层地基加固处理[135]；提出一种“振动增压快速固结软地基处理的方法”，该方法首先按所需要间距和深度布置井点，在待处理地层中进行真空抽水，形成真空负压；再在地层中按所需间距和深度进行振冲，形成正压；真空抽水与振动同步一遍以上，使负压区和正压区叠加，并在两者之间形成较高的动水力梯度，最终完成软弱土体在短时间内的快速固结[136]。

2008年发明一种解决软土地基加固深层土体的“降水预压联合动力固结深层加固法”，即在待加固的地基内设置竖向排水体；对软土地基进行降水预压；当待加固地基地表8m以下的深部土体受降水预压作用后，固结度达到75%以上，再进行动力固结施工。该方法提供一种在降低成本、缩短工期的情况下达到加固软土地基的施工技术[137]；发明了一种用于沿海新近吹填的软弱地基预排水动力固结加固软土地基的新方法。该方法是基于饱和软黏土的动力特性、排水固结机理和动力固结机理，将强夯技术和软土内降水技术有机结合起来的一种复合式地基处理方法[138]。

2009年提出一种“快速增压预压法软地基处理方法”，该方法是堆载预压（或真空预压）与振动增压两者的叠加，各自增加的孔隙水压力最终将转化为土体的有效应力而使软土的强度得到提高[139]。

2010年等发明的“三向排水动力预压固结软土地基处理方法”是对现有的单面排水固结、真空井点降水加动力固结及降水预压法的重大创新，是一种处理深度大、快速、效果好的新型动力排水固结方法，对三角洲、河口地区及类似沉降特点的海岸地区的软土地基处理具有良好的应用前景[140]。

2011年提出的“截排水深层预压动力固结软地基处理法”是采用截水止水、强排水、深层竖向排水系统、振动碾压或强夯四者有机结合来降低处理场地的地下水位，形成的附加荷载对软弱下卧层进行深层预压，完成软弱土层固结，消除软弱下卧层沉降，截排水有机结合动力固结提高了浅层土体密实度和改善了物理力学指标，满足场地承载力要求[141]；提出“软土地基轻井塑排叠加真空预压法”。该方法在第一遍点夯后，布置轻井和塑料排水板一体式井点；然后第二遍点夯，布放集水总管，抽真空；在需加固的软弱地基达到设计指标后，拔除加固区域全部轻型井点管，进行表层满夯或振动碾压处理[142]。

2012年应用短程超载真空预压动力排水固结法加固深厚淤泥软土地基，发现深厚淤泥软土在真空负压、超载正压和动力冲击三者优化组合作用下，主固结沉降在短时间内完成，土体强度提高的同时地表吹填土在动力冲击下形成超固结的硬壳层。深厚淤泥软土加固后能够满足地基承载力的要求并且能够有效控制工后沉降和不均匀沉降[143]。

2013年采用竖向重力抽水和水平向真空吸水相结合的方式，使不同的地下水处于不同的排水条件下排出。提出非均质场地软土地基立体式组合动力排水固结系统和方法，该排水固结系统是一种处理效果好、工期快、造价低、适用范围广的新型动力排水固结方法，可克服场地非均质性带来的地基处理难题[144]；结合威海港新港区2号围堰吹填砂场地地基处理工程，采用轻型井点降水联合强夯法进行处理，有效地解决了强夯施工的地下水问题，取得了较好的加固效果[145]。

2014年系统地介绍了多年来研发的十多项软土地基组合排水固结工法系列专利技术，分析了各个工法的组合方式与应用对象、适用条件以及应用范围等[146]；结合大厚度软土地基加固工程，介绍了专利技术“短程超载真空预压—动力排水固结联合法”的理论基础与加固机理、软土排水固结与施工工艺流程等，结果表明该专利方法可满足深厚极软淤泥地基处理高标准要求[147]。

2015 年结合汕头市某大面积吹填路基加固试验段工程，采用堆载降水预压强夯联合法处理吹填泥砂混合路基，试验结果表明，该方法适用于临海非均质吹填土地基处理[148]；2015 年针对下伏原状淤泥质软土、上覆流泥或浮泥的二元结构新近吹填厚淤泥场地，采用“竹网浅表层处理 + 堆载降水预压”和“短程超载真空预压动力排水固结”两种新型复合排水固结技术进行现场对比试验研究。试验结果表明两种方法处理该类场地是合理的。对于工期不紧、不均匀沉降要求高的吹填场地推荐“竹网浅表层处理 + 堆载降水预压”方案；对于工期紧、工后沉降要求高的吹填场地推荐“短程超载真空预压动力排水固结”方案[149]。

静动结合排水固结法的基本思想是在改善地基土体排水条件的基础上，联合静力和动力荷载进行地基加固的方法。静动结合排水固结的特点：

（1）避免“橡皮土”现象出现；

（2）动力荷载作用下在软土地基中形成微裂缝（即损伤软化），为孔隙水排除提供通道，加快固结；

（3）强调联合使用静动荷载，两者相互影响互为条件。以静为主动为辅，以静为本动为促，静为内因动为外因，无静莫动；

（4）动荷载对浅层淤泥扰动很小，保持了软土可靠的微观结构，可以迅速提高土体再固结后的强度；

（5）动力加固后由于残余应力的作用，使得处理土层具有“滞后效应”；

（6）它充分发挥了经典意义上的动力固结作用，即动力八面体压缩应力作用下孔隙水压力明显增长。相对于较大的超载预压，动力八面体应力幅值相对要小，超孔隙水压力消散过程中土体将固结得更彻底[129]。

1.2　吹填场地处理的主要问题

吹填土作为一种人造土体，经过几十年的工程实践和理论研究，在土体宏观强度、变形破坏机理及处理措施等方面都取得较大的进步。但在吹填地基的快速排水固结技术和理论方面需要进一步开展详细的研究。

目前较多集中在提高吹填土的强度上，而对缩短时间方面研究进展较慢，造成吹填后的场地必须经历一个相当长的时间后才能被利用。所以，如何进一步研究加快吹填早期的泌水速度的理论与技术方法、解决吹填土沉积过程中快速处理技术等难题，无论对理论还是对工程实践都具有重要的意义。

总体来说，大规模的吹填场地软土地基处理尽管在我国已有近30年的历史，处理方法在传统技术的基础上有了较大进展，但仍有诸多需进一步研究的理论与技术难题。

（1）对整个吹填场地地质特征分布规律的宏观研究不足，导致难以形成针对不同场地采取不同处理方法的系统化软基处理技术。吹填料、吹填位置、吹填时序、场地静置时间不同，砂、黏粒等不同的沉积与运动规律，导致形成不同岩性类别的场地，即非均匀性场地。这种场地类别的差异及相应处理方法研究不足，直接影响到整个场地处理方案的选择。

（2）由于吹填场地的复杂性，导致加固过程中消除差异沉降困难：吹填场地由原状软土、吹填土组成的复杂二元结构，此类二元组合结构场地目前研究成果尚不足，如何消除差异沉降，避免工后二次处理是亟待解决的问题。

（3）静动组合排水固结技术适用性有待验证、设计方法系统化有待发展、配套施工工艺有待总结。静动组合排水固结法的设计依据并不完善，目前使用较为普遍，施工方法各异，但至今仅为宏观控制，暂无可用于实际操作的参数或半定量化公式。没有成套的设计理论，依据经验设计、施工可能达不到预期的处理效果，还要进行二次处理，会造成资源浪费、成本失控、工期延长等不利结果。

静力排水固结法的优点是软土处理效果好，工后沉降小，但工期较长；动力排水固结法的优点是工期短，但处理深度受限，一般不超过6m。静动组合（复合）排水固结法可解决吹填土不均匀沉降、沉降量大、工期要求严、地基承载力要求高等问题。该方法工期较短，加固影响深度较大，但缺乏系统化设计，相关设计方法、参数计算依赖于少数工程师的经验，其工艺方法有待进一步完善。

1.3 主要研究内容

从目前的技术现状来看，以强夯法为代表的动力排水固结方式无疑是满足日益高效的开发建设速度的最好选择，但强夯法的地层适用性缺陷使得技术人员不断地创造条件进行强夯等动力固结处理。大量工程实践表明，对于岩土工程条件比较复杂且对地基承载力和变形要求较高的工程，地基处理的最佳方案往往不是单一的处理方法，而是两种或两种以上处理措施组成的综合应用方法成为发展的趋势。

本书结合汕头市东部城市经济带市政基础设施建设项目软基处理工程、福建福安市鑫茂冷轧硅钢有限公司新厂区吹填场地软土地基处理工程、浙江余姚经济开发区滨海新城路网软基处理工程等开展了一系列现场试验，研究了吹填堆载降水预压强夯联合法、短程超载真空预压动力排水固结联合法和立体式组合动力排水固结法的适用性，分析了吹填软土地基加固过程中的地基土变形、孔隙水压力等变化规律及其对周围环境的影响，并对静动组合排水法的设计参数和施工工艺等进行了优化。取得了一些研究成果和成功的经验，对吹填软土地基处理优化和新技术开发具有重要的意义。研究内容如下：

（1）依托汕头市东部城市经济带市政基础设施建设项目软土地基处理试验段工程，通过采用沉降柱试验研究非均质吹填土颗粒自重沉降—固结基本规律，采用大尺寸固结仪试验研究非均质吹填土的固结特性；

（2）依托典型工程研究了吹填堆载降水预压强夯联合法、短程超载真空预压动力排水固结联合法、立体式组合动力排水固结法和表层真空预压技术的适用性，分析了吹填软土地基加固过程中的地基土变形、孔隙水压力等变化规律及其对周围环境的影响，并对静动组合排水法的设计参数和施工工艺等进行了优化；

（3）通过室内和现场强夯动力特性试验，研究在强夯振动作用下，强夯能量的衰减规律及动力响应；分析强夯作用下软土层的沉降及孔隙水压力消散规律。

第 2 章　吹填场地静动组合排水固结设计

2.1 引　　言

吹填场地由原状土层和吹填土层构成，吹填土覆盖于原状土层之上，构成典型的二元结构。原状土层为沉积土层，呈正常固结或超固结状态；吹填土层多处于新近未固结或欠固结状态，原状土和吹填土固结特性差异较大。吹填场地具有含水率高、压缩性大、强度低等特点，且经过多次吹填的堆积土在横纵深方向上变化较大，呈现出明显的空间上不均匀性特征，单一的静力排水固结或动力排水固结无法满足工程的需要。因此在已有的成熟的排水固结技术的基础上，将静力排水固结与动力排水固结进行有机组合，可以更好地发挥各自的优势，达到较好的加固效果。本章主要对静动组合排水固结技术的设计思想和计算理论进行探讨。

2.2 吹填场地地基处理设计内容

吹填场地地基处理方案的设计程序按图 2.2-1 进行。吹填场地地基处理设计内容包括以下几个方面：

（1）地基处理要求

地基处理要求包括地基处理面积和边界条件、处理深度、交工高程和交工时的工程指标［表层承载力、施工沉降量、软土固结度、待处理各土层的压缩模量 $E_{s1\text{-}2}$、锥尖阻力 q_c（或比贯入阻力 p_s）、不排水抗剪强度 c_u、地表超固结比 OCR 与变形模量 E_0、工后沉降与差异沉降等］等。

（2）采用的设计文件、依据与执行的规程、规范

业主提供的招标文件、岩土工程勘察报告、现场踏勘资料及国家、行业、地方相关的标准、规范和规程。

（3）场地工程条件分析

场地工程条件分析内容包括场地设计条件、地基处理的难点、重点及相应的解决途径、软土厚度较大时的处理深度、地基处理中应注意的事项等。

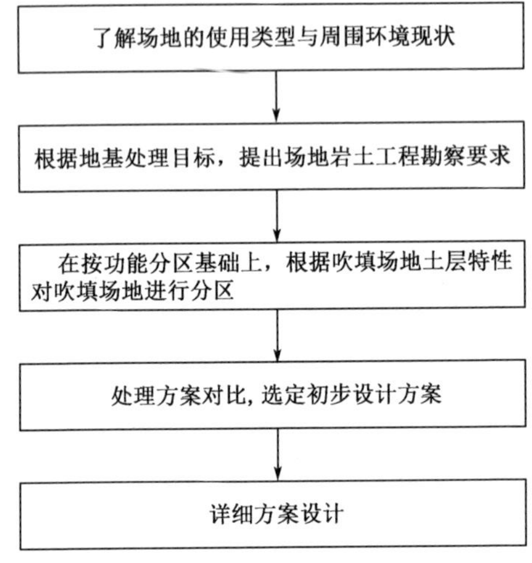

图 2.2-1　吹填场地地基处理方案的设计程序

（4）方案比选

根据使用要求、荷载大小，结合土层结构、土质条件、地下水特征和环境情况等因素进行综合分析。当工程条件差异较大时进行分区，对每个小区选择几种可行的地基处理方案，包括选择两种或多种地基处理措施组成的综合处理方案。

方案比选的内容包括对比方案的优点、缺点、实施的难点、拟采用方案的技术原理、既有工程经验及实施中可能存在的问题等。

（5）选定方案的场地沉降计算

场地沉降计算包括软土的主固结沉降计算、次固结沉降计算、软土上覆填土压缩量计算、软土固结度计算、工后沉降与差异沉降评估等。

（6）地基处理分区

地基处理分区包括分区处理的原因、分区原则和分区处理基本方案等。

（7）地基处理方案参数设计

地基处理方案参数设计包括各个分区的处理参数设计：即真空预压、堆载预压、降水预压、真空—堆载联合预压、强夯、静动叠加预压的全部参数的选择和确定，大面积施工前试验段地基处理方法，试验内容与实施大纲，监测和检测标准，试验面积与工期等要求。

（8）处理方案施工过程的质量控制设计

施工过程的质量控制设计包括过程控制的目标、内容、节点与指标，控制手段与技术要求等。

（9）处理方案施工监测设计

针对各施工分区，提出相应的监测要求、监测方案和应提出的监测资料。

（10）地基处理施工质量检测设计

施工质量检测设计包括质量检测方法与检测数量。

2.3　吹填场地地基处理分区设计步骤

静动组合排水固结技术是处理吹填场地地基的有效方法，由排水系统、加压系统和止水系统三部分组合而成，如图 2.3-1 所示。静动组合排水固结技术的关键是根据所处理区域边界情况设计止水系统，根据土层的水力特性设置排水系统，根据荷载特性和工后沉降要求设计加载系统。

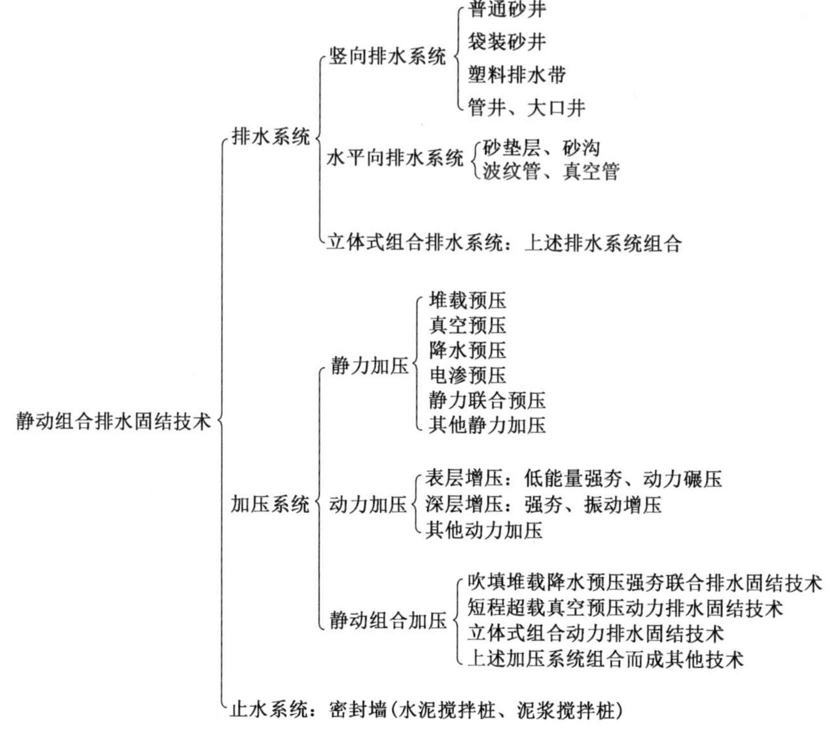

图 2.3-1　静动组合排水固结技术组成

排水系统主要用于改变地基原有的排水边界条件，增加孔隙水排出途径，缩短排水距离，如图 2. 3-1 所示，吹填场地的排水系统包括竖向排水系统、水平向排水系统和立体式组合排水系统。水平向排水系统主要包括砂垫层、设于砂垫层间的盲沟和设于砂垫层周围的排水沟。对于渗透性良好的砂类土场地，竖向排水体采用管井；对于渗透性差的黏性土场地，竖向排水体采用砂井、袋装砂井或塑料排水板；对于渗透性介于前述两者之间的粉类土场地，竖向排水体采用真空井点。

加压系统，是施加起固结作用的荷载，使软土中的孔隙水产生压差而渗流，进而使软土固结。如图 2. 3-1 所示，吹填场地的排水固结加压系统包括静力加压系统、动力加压系统和静动组合加压系统。

静力加压系统指对拟处理的软土地基施加静荷载。静力加压的主要方法有堆载预压、真空预压、降水预压、电渗预压及静力联合预压。

动力加压系统是指对拟处理的软土地基施加随时间变化的动力荷载，动力荷载按其影响范围可分为表层增压和深层增压。表层增压是指动荷载仅作用距地表 3 ~ 4m 的范围，如低能量强夯、动力碾压等；深层增压是指动力荷载施加于地表 3 ~ 4m 以下范围内的土层，如强夯、振动增压等。动力排水固结按动荷载的特点可分为冲击荷载（如强夯动荷载为作用时间极短的冲击荷载）和周期荷载（如振动增压荷载为随时间变化的周期荷载）。

止水系统主要用于隔绝待处理的吹填场地外部水的流入。如图 2. 3-1 所示，吹填场地的止水系统多采用水泥搅拌桩或泥浆搅拌桩连接成密封墙的形式。

吹填场地地基处理分区设计宜按下列步骤进行：

（1）在按功能分区基础上，根据吹填场地土层特性对吹填场地进行分区，针对不同小区选择适合的排水固结技术；

（2）根据荷载要求对所处理的吹填场地沉降量的空间分布进行计算，根据工后统一沉降量（或沉降差）要求进行差异设计；

（3）根据吹填场地的地下水特性设计排水系统；

（4）根据荷载和工后沉降要求确定加压系统；

（5）根据所处理区域的实际情况，围绕所处理的区域建造深入软土层的止水系统；

（6）对已选定的吹填土地基处理方法，应进行现场试验性施工及测试，检验设计参数和处理效果，当设计参数与试验结果不符时，应及时修改设计参数或施工工艺；

（7）根据设计要求和周围环境设计吹填土地基处理过程中的监测和检测方案。

2.4　吹填场地地基处理分区设计原则

2.4.1　吹填场地地基处理分区原则

吹填场地在吹填过程中，在水动力作用下，土颗粒经历了初步分选。吹填场地地层分布特征与吹填料组成、吹填口位置、吹填时序、静置时间等相关。结合吹填场地原状软土和吹填土的地质特征，将吹填场地分为表层厚砂吹填场地、泥砂互层吹填场地、粉土夹淤吹填场地、表层厚泥吹填场地。不同类别吹填场地的特征及分布区域如表 2.4-1 所示。

不同类别吹填场地的特征及分布区域　　表 2.4-1

场地类别	特　征	原状土典型分布区域
表层厚砂	在吹填口的近端易形成，场地表面为大厚度砂，渗透性较好，外围地下水补给量大，砂土易液化	辽宁、山东、江苏、闽南、粤东、北部湾沿海
泥砂互层	在吹填场地内随机分布，因吹填口位置、吹填时序变化导致泥层、砂层无序沉积，排水条件复杂	长江三角洲、珠江三角洲、福建、广东沿海
粉土夹淤	在吹填场地内随机分布，粉土与黏性土共同沉积，形成粉土夹淤吹填层，渗透性低，排水固结困难	黄河三角洲、曹妃甸、上海浦东、杭州湾沿海
表层厚泥	在吹填排水口附近易形成，场地表面为大厚度淤泥，初始强度低，施工设备难以进场，固结沉降大，一般需二次处理	天津、深圳、浙东、闽东沿海

（1）表层厚砂吹填场地

表层厚砂吹填场地主要分布在近吹填口区域，现场地貌、地层分布情况如图 2.4-1 和图 2.4-2 所示，砂层厚度范围为 2 ~ 10m，渗透系数 $k > 1 \times$

10^{-5}cm/s。此类场地土层总体上可分为砂类土、粉类土；其中砂类土 $d>0.075$mm 的颗粒含量大于总质量的 50%；粉类土 $d>0.075$mm 的颗粒含量小于总质量的 50%，$I_P \leqslant 10$。

图 2.4-1　表层厚砂吹填场地现场地貌图

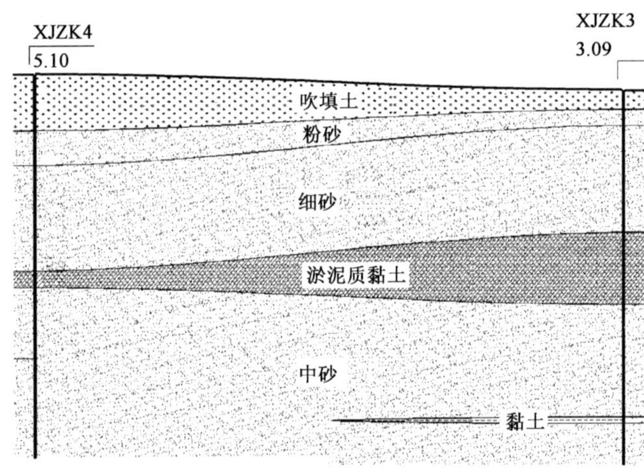

图 2.4-2　表层厚砂吹填场地地质剖面图

表层厚砂吹填场地加固处理中以消除砂层液化、挤密压实为处理重点，可采用传统的振冲法、振冲置换法、强夯法结合排水等措施进行处理。

（2）泥砂互层吹填场地

泥砂互层吹填场地的泥砂互层情况在吹填场地中随机分布，由吹填口移动、同一区域不同时间吹填料无序沉积而形成，现场地貌、地层分布情况如图 2.4-3 和图 2.4-4 所示，单层土层厚度范围为 2～6m，砂层渗透系数 $k>1\times10^{-5}$cm/s、泥层渗透系数 $k<1\times10^{-6}$cm/s。泥砂互层吹填场地为渗透性

差异明显的泥层与砂层无序分布，渗透性弱的泥层因渗透性强砂层的存在而具有双面排水效应。

图 2.4-3　泥砂互层吹填场地现场地貌图

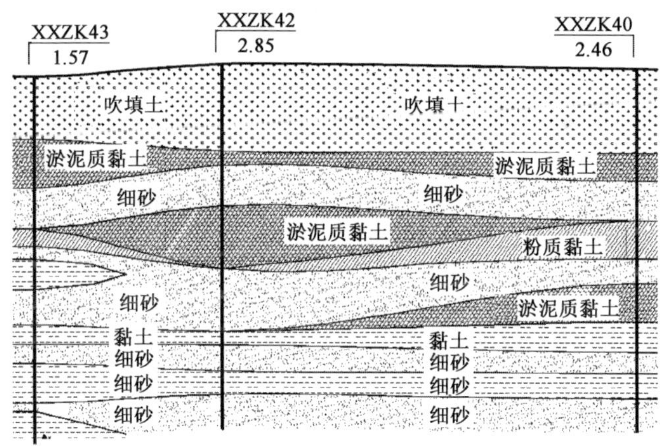

图 2.4-4　泥砂互层吹填场地地质剖面图

泥砂互层吹填场地处理的重点在于砂层消除液化、挤密压实，泥层增加排水通道和固结压力，最终完成排水固结，可采用排水板 + 挤密砂桩 + 堆载法、排水板 + 降水预压 + 强夯 + 堆载法、吹填堆载降水预压强夯联合法等进行处理。

(3) 粉土夹淤吹填场地

粉土夹淤吹填场地因粉类土与黏性土沉积而形成，多见于钱塘江口、长江口及黄河口沿岸，厚度 0.5 ~ 5.0m 不等，渗透性差异较大，渗透系数 k 在 1×10^{-5} ~ 1×10^{-6}cm/s 之间；因淤泥、黏性土夹杂，渗透系数 k 差异大，其排水较为困难，传统的静力排水固结与一般的动力排水固结应用困难，高孔隙水压力难以消散，直接强夯容易导致形成“橡皮土”。现场地貌、地层分布情况分别如图 2. 4-5 和图 2. 4-6 所示。此类吹填场地可采用立体式组合动力排水固结法进行处理。

图 2. 4-5　粉土夹淤吹填场地现场地貌图

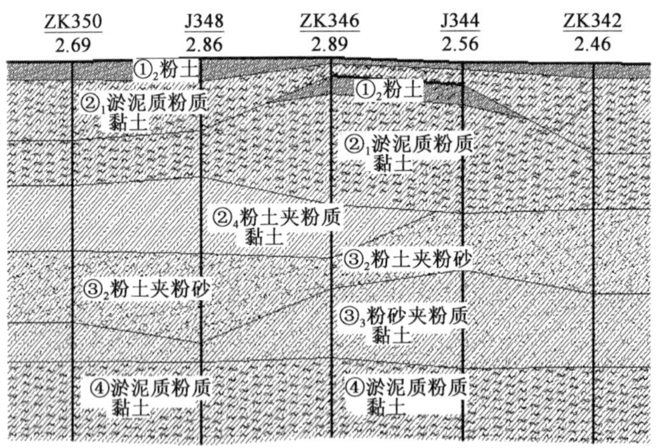

图 2. 4-6　粉土夹淤吹填场地地质剖面图

（4）表层厚泥吹填场地

表层厚泥吹填场地主要分布在吹填排水口附近，由静水区细粒土自重沉积而成，现场地貌、地层分布情况分别如图 2. 4-7 和图 2. 4-8 所示，土层厚度范围为 3 ~ 15m，渗透系数 $k < 1 \times 10^{-6}$cm/s。包括浮泥、流泥、淤泥、淤泥质黏土、淤泥质粉质黏土等。表层局部为较薄吹填砂，而下伏为原滩涂较厚淤泥的场地也属于此类。

图 2.4-7　表层厚泥吹填场地现场地貌图

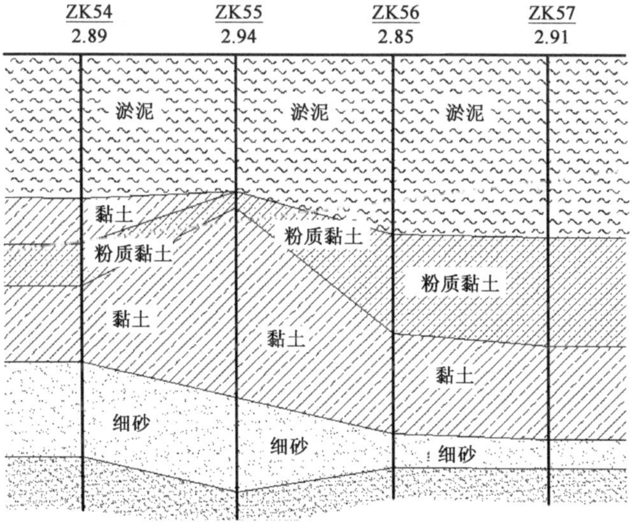

图 2.4-8　表层厚泥吹填场地地质剖面图

表层厚泥吹填场地特点为淤泥层厚度大、压缩性高，固结沉降大，工后沉降难于控制，地层结构稳定性差，此类场地处理重点为厚层淤泥的快速排水固结，难点是表层为流泥或浮泥的超软弱土处理，可采用真空预压、堆载预压、真空联合堆载预压、短程超载真空预压动力排水固结法等进行处理。

2.4.2　吹填场地静动组合排水固结技术选择

总结归纳已有工程实践经验，按表 2.4-2 选择表层厚砂吹填场地、泥砂互层吹填场地、粉土夹淤吹填场地和表层厚泥吹填场地的处理方法和设计参数。

处理方法及设计参数　　表 2.4-2

场地类别	处理方法	设计参数
表层厚砂	吹填堆载降水预压强夯联合法	堆载预压：填土总厚度、分层厚度、堆载时间等。 降水预压：止水墙、降水管井间距、降水深度等。 强夯：夯能设计、夯击遍数、夯点间距、夯击时机等
泥砂互层		
粉土夹淤	立体式组合动力排水固结法	堆载预压：填土总厚度、分层厚度、堆载时间等。 降水预压：止水墙、降水管井间距、降水深度等。 水平排水设计：水平真空管数量、埋深、层数，盲沟布置。 强夯：夯能设计、夯击遍数、夯点间距、夯击时机等
表层厚泥	短程超载真空预压动力排水固结法	真空预压：排水板间距、打入深度、真空度、真空预压时间。 堆载预压：填土总厚度、分层厚度、堆载时间等。 强夯：夯能设计、夯击遍数、夯点间距、夯击时机等

2.5　吹填场地排水固结技术排水系统设计

2.5.1　地下水特性

(1) 地下水赋存特征

吹填场地的地下水是经人工吹填后残留于吹填物料中的自由水及渗入的雨水或高潮位时补给海、河水。地下水的赋存形式取决于吹填料的均匀性、成层性，以及是否多次吹填及吹填位置。地下水赋存特征如表 2.5-1 所示。

吹填场地地下水赋存特征　　表 2.5-1

场地类别	赋存形式	吹填物料	位置	地下水赋存特征
表层厚砂	强渗透性	粉、细、中、粗、砾砂	管口或过渡区	有统一地下水位、降落漏斗大而扩展快，水位下降快而深
泥砂互层	强弱渗透性交叠	砂土、粉土夹黏性土	过渡区	有统一地下水位的潜水、降水漏斗较小而扩展慢，水位下降慢

续上表

场地类别	赋 存 形 式	吹 填 物 料	位　　置	地下水赋存特征
粉土夹淤	渗透性差异变化大	粉土、粉质黏土夹砂、黏粒	过渡区至回水区	无统一地下水位的潜水~上层滞水、降水漏斗小，水位下降慢而浅
表层淤泥	极低渗透性	淤泥、淤泥混砂	回水区及排水口	无统一地下水位的自由水~薄膜水、水位下降极慢，降落漏斗难划分

（2）地下水降落漏斗形态

吹填场地的地下水场边界多为吹填围堰。当用非透水材料填筑时，围堰即地下水场止水边界；当用透水性材料，围堰为地下水场补给边界。止水边界对于场地内排水量计算影响较大。当地下水场具有止水边界时，排水量计算仅包含疏干吹填体内的地下水储水量和排水期雨水的补给量；当有补给边界，排水量计算除地下水储水量、雨水补给量外，还应计算外围水渗入量、排水量和排水时间。不同赋存形式的地下水在不同边界条件下，表现出的降落漏斗形态不同，具体如表 2.5-2 所示。

吹填场地地下水降落漏斗形态　　表 2.5-2

赋 存 形 式	有止水边界	有补给边界
强渗透性型	水位浸润曲线以中心井为圆心，快速往吹填边界扩展形成统一的地下水降落漏斗，直至达到疏干的水位设计高程	降水井中的降落漏斗同步逐渐往下发展，截水井围绕补给边界形成单井降落漏斗环，补给边界的地下水位为内、外漏斗连接高程
弱渗透性型	以中心排水井为中心，水位浸润曲线小梯度慢慢向下发展，排水井的水位降落漏斗逐渐连接，形成统一的地下水降落漏斗，直至达到设计的水位高程	特点同上，但降落漏斗发展缓慢，拦截外围水补给的截水时间长
渗透性差异变化大型	单个排水井产生的降落漏斗水位浅，呈突变形态，全场地难形成统一的水位降落漏斗，渗透性强的漏斗水位低，渗透性差的漏斗水位高，全场地排水水位浅，呈折线形	截水井的距离变化，边界补给水降落漏斗呈折线形；围堰内难形成地下水向中心流动的降落漏斗；排降水水位浅，呈起伏的峰谷状形态

（3）地下水渗流类型

因吹填场地的物料组成不同、吹填管口位置变化或移动、有无边界外水的补给、所处场地位置的不同，吹填场地内地下水的渗流是有明显区别的，具体见表 2.5-3。

吹填场地地下水渗流类型　　表 2.5-3

渗流类型	吹填物料	位置	浸润曲线	排水效果	水位线
稳定层流	纯砂类	管口	同步下降	良好	统一水位
非稳定层流	砂类土与低渗透土互层	管口反复移动处	不同井位不同	尚可	统一水位
不连续流线	砂类土与低渗透土相间混杂	管口之间	浸润曲线不连续	差	无统一水位
阶梯状流线	低渗透土夹砂透镜体	过渡区	浸润曲线呈折叠阶梯状	较差	无统一水位
压力状流线	低及极低渗透土或低透水性土互层	回水区或粉土吹填区	沿塑料排水板受压向上，浸润曲线较陡	差	无统一水位
紊流	强渗透土夹低渗透性土	强补给水源边界	流线紊乱，浸润曲线畸变	好	统一水位

2.5.2 排水系统设计计算

根据工程设计要求、当地的水文地质条件和施工技术，确定排水方案，设计排水系统。排水系统设计计算的内容有：排水方法选择、排水井影响半径、排水井单井出水量、地下水储量。

2.5.2.1 排水方法选择

排水方法的选择可根据含水层岩性、地下水位、渗透性和拟降水深度等参数确定，具体如表 2.5-4 所示。

排水方法使用范围　　表 2.5-4

排水方法	适合地层	地下水埋藏深度（m）	渗透系数（m/d）	降水深度（m）
排水沟	黏性土、砂土	<2	<0.5	<2
真空点井	黏性土、粉质黏土、粉土砂土	<6	0.1～20	单级<6；多级<20
喷射点井		>6	0.1～20	<20
管井	砂土、碎石土	含水层厚度大于5	1.0～200	>5
大口井	砂土、碎石土	<15（含水层厚度大于3）	1.0～200	<20

2.5.2.2　排水井影响半径

排水井的影响范围是降落漏斗的平面半径，即影响半径，与水位降深、潜水含水层厚度、渗透系数等有关，计算公式为：

$$R = 2s_w\sqrt{kH} \tag{2.5-1}$$

式中：R——排水井影响半径，m；

s_w——水位降深值，m；

k——渗透系数，m/d；

H——潜水含水层厚度，m。

不同土质的渗透系数和影响半径经验值如表 2.5-5 所示。

不同土质的渗透系数经验值　　表 2.5-5

土　性	渗透系数（m/d）	土　性	渗透系数（m/d）
黏土	<0.005	中砂	5.0 ~ 20
粉质黏土	0.005 ~ 0.1	粗砂	20 ~ 50
粉土	0.1 ~ 0.5	砾石	50 ~ 500
粉砂	0.5 ~ 1.0	卵石	500 ~ 1000
细砂	1.0 ~ 5.0		

2.5.2.3　排水井单井出水量

根据 1863 年裘布依的假定（含水层在水平向为均质各向同性的，且厚度均匀，潜水面水平，地下水处于紊流状态），推导得出排水井单井出水量计算公式：

$$q = 1.336\frac{k(2H - s_w)}{\lg\dfrac{R}{r_w}} \tag{2.5-2}$$

式中：q——排水井单井出水量，m^3/d；

r_w——井的半径，m。

其他符号意义同前。

2.5.2.4　地下水储量计算

地下水储量与给水度、软土体积有关，整个场地地下水储水量为多层次软土储水量之和，计算公式为：

$$Q = \sum u_i (A_i H_i) \tag{2.5-3}$$

式中：Q——地下水储量，m^3；

u_i——第 i 层土体的给水度，取值如表 2.5-6 所示；

A_i——第 i 层土体的排水场面积，m^2；

H_i——第 i 层土体的厚度，m。

不同土性土体的给水度　　表 2.5-6

土　性	给 水 度	土　性	给 水 度
粗、砾砂	0.25～0.35	粉土	0.10～0.12
中砂	0.20～0.25	粉质黏土	0.07～0.10
细砂	0.15～0.20	黏土	0.04～0.07
粉砂	0.10～0.15	泥炭土	0.02～0.04

2.5.2.5 吹填场地排水系统设计经验参数

针对不同渗透性条件的排水系统进行优化组合设计，如表 2.5-7 所示。水平向排水以砂垫层为主，竖向排水以塑料排水板、降水管井为主，根据有无补给水源情况，设置止水方案。

吹填场地排水系统设计　　表 2.5-7

场 地 类 型	排水组合方式	
	无补给水源	有补给水源
强渗透型	ϕ300～500mm 管井，井深到吹填土底板以下 1m，井距 28～35m，正方形均匀布置；填土厚度小于 5m 时，采用 ϕ1000～2000mm 大井，井距 150～200m	井深低于补给水源底板以下 1.0～1.5m，井距 24～30m；截水井距离 8～15m，排水井也可采用大井
弱渗透型	ϕ300～500mm 管井，井深到吹填土底板以下 1.5m，井距 18～28m，正方形均匀布置	同左，但截水井井距 10～20m
强、弱相间渗透型	ϕ300～500mm 管井，非均匀布置，井距 18～35m	设置截水井，间距视补给强度采用 8～20m
低渗透型	ϕ300mm 管井 + 2.5m 深截水盲沟，井距、盲沟间距 8～14m	外围布设排水明沟截阻外围水补给，明沟深度不小于 2.5m

续上表

场地类型	排水组合方式	
	无补给水源	有补给水源
低、很低渗透性差异变化	立体式排水组合，单层或多层水平真空管或横向塑料排水板 + ϕ300mm 管井 + 截水盲沟，井深 3 ~ 6m，盲沟深 2.5 ~ 3.0m	外围布设深度 2.5m 排水明沟
极低渗透性	塑料排水板 + 水平砂垫层 + 集水井 + 真空排水系统	无

2.6　吹填场地排水固结技术加压系统设计

2.6.1　堆载预压设计

堆载预压中关于堆载高度的设计理念是地基处理后场地面高程刚好为交工高程，无须卸载作业；不足的荷载可由降水预压、真空预压、强夯等一种或几种荷载来提供。该设计方法实现的关键在于沉降量的计算、堆载量控制及沉降速率控制。

堆载预压适用于处理深度较大（大于 15m）、有机质含量大于 5%、取土方便、堆载土料可循环使用、工期较长的项目。

堆载预压设计内容有：竖向排水体；堆载预压范围；堆载大小、分级、加载速率、预压时间和卸载时间；地基土的固结度；抗剪强度；抗滑稳定性；最终沉降量；监测要求和目的等。

堆载预压设计过程中需要注意的是堆载预压的首级堆载应大于待处理软土层的先期固结压力，其计算公式如下。其下一级预压荷载应按首级堆载作用下增大的抗剪强度按式（2.6-1）进行计算。

$$p_c = \frac{5.52c_u}{K} \tag{2.6-1}$$

式中：p_c——第一级堆载预压荷载，kPa；

c_u——不排水抗剪强度，kPa；

K——安全系数，1.1 ~ 1.5。

2.6.2 真空预压设计

真空预压适用于处理厚度不大于20m或单层淤泥质软土厚度不大于15m、承载力不大于80kPa、砂土层埋深较浅且厚度不大、有机质含量小于5%的场地。

真空预压设计的内容有：水平排水体、竖向排水体、密封膜、预压范围、荷载、边界密封措施、抽真空设备、土层的固结度等。

真空预压设计需要注意的事项有：

（1）真空预压过程中必须具有良好的密封系统；

（2）真空吸力会加速排水板的堵塞，所以有效预压时间不应多于150d；

（3）场地边缘变形速度快，且其最大影响距离可达12～20m（当软土厚度大于15m时），因此应注意对场地外侧建（构）筑物的防护。

2.6.3 降水预压设计

降水预压适用于地下水位埋深浅、软土层上覆盖厚度大于3m的透水性良好的砂类土的软土场地。

降水预压设计需要注意的事项有：

（1）应进行抽水出水量论证，求出静储量与动储量（补给量），依此进行降水井、排水泵、水位下降深度、预压荷载和降水工期等设计；

（2）应设计合理的截水设施与施工方法，尽可能减少施工期内的补给量；

（3）管井布置和深度应按地层组合分区设计；

（4）降水动力预压施工时，应严密监测观测孔内水位变化与高孔隙水压力消散时间；

（5）降水与动力加载期间应防止管井淤塞，产生淤塞时应有及时清井措施。

2.6.4 强夯设计

强夯法适用于处理的吹填场地类型有细、中、粗、砾砂型；粉砂型；淤泥质粉土；黏性土型。

强夯设计的内容有：夯击能、有效加固深度、夯点布置形式和夯点间距、夯击击数、夯击遍数、间歇时间等。

强夯设计需要注意的事项有：

（1）对于黏性土，因产生的孔隙水压力消散慢，在夯击能增加时，孔隙水压力也相应叠加，因此，应根据孔隙水压力的叠加值确定最佳夯击能；对于砂性土，可通过绘制孔隙水压力增量与夯击次数的关系曲线来确定最佳夯击能；

（2）强夯的有效加固深度为拟加固土体的物理力学性质指标达到了设计要求的深度，一般为有效影响深度的 1/2；

（3）对于吹填场地，应遵循“先轻后重、轻夯多遍”的设计原则。

吹填场地因吹填土性和地下水位埋深不同，所设计的强夯参数必然不同，最后达到的预期效果也不同。总结已有的工程经验，提出不同吹填场地基本强夯参数如表 2. 6-1 所示。

不同类型吹填土场地强夯参数　　表 2. 6-1

<table>
<tr><th>场地类型</th><th>地下水位埋深（m）</th><th>夯锤直径（m）</th><th>夯锤重量（t）</th><th>单击能（kN·m）</th><th>每点击数</th><th>点夯遍数</th><th>点距（m）</th><th>单位面积夯击能（kN·m/m²）</th></tr>
<tr><td rowspan="2">细、中、粗、砾砂型</td><td>≤2.5</td><td>≥2.4</td><td>10 ~ 12</td><td>1200 ~ 2000</td><td>4 ~ 6</td><td rowspan="2">2 ~ 3</td><td>7 × 7</td><td>2400 ~ 2800</td></tr>
<tr><td>>2.5</td><td>>2.2</td><td>>12</td><td>1800 ~ 3500</td><td>6 ~ 8</td><td>8 × 8</td><td>2400 ~ 2600</td></tr>
<tr><td rowspan="2">粉砂型</td><td>≤2.5</td><td>≥2.4</td><td>10</td><td>800 ~ 1600</td><td rowspan="2">4 ~ 6</td><td rowspan="2">3 ~ 4</td><td>6 × 6</td><td rowspan="2">2400 ~ 2600</td></tr>
<tr><td>>2.5</td><td>≥2.4</td><td>10 ~ 12</td><td>1000 ~ 1800</td><td>7 × 7</td></tr>
<tr><td rowspan="2">淤泥质粉土、黏性土型</td><td>≤1.5</td><td rowspan="2">>2.4</td><td rowspan="2">8 ~ 10</td><td>400 ~ 600
800 ~ 1500</td><td rowspan="2">4 ~ 5</td><td>5 ~ 6</td><td rowspan="2">6 × 6</td><td rowspan="2">2400 ~ 2600</td></tr>
<tr><td>>1.5</td><td>500 ~ 700
800 ~ 1500</td><td>4 ~ 5</td></tr>
</table>

由表 2. 6-1 可知，吹填场地采用的是夯击能由低到高的逐步加大的多遍夯击施工方式，吹填土，粒度越细，强度越低，夯击能越低，但夯击遍数越多，夯点间距越小，单位总夯击能基本相同。

2. 7　最终沉降量推算

设计阶段的计算沉降曲线与实施阶段的实测沉降曲线有较大差异，因此，根据监测沉降曲线，推求实际发生的最终沉降显得尤为重要。最终沉降量计算方法有规范法和曲线拟合法。曲线拟合法包括双曲线法、对数曲线法、Asaoka 法、沉降速率法和星野法等。

2.7.1 规范法

根据《建筑地基基础设计规范》(GB 50007—2011) 中最终沉降量计算公式为:

$$S = \varphi_s \sum_{i=1}^{n} \frac{P_0}{E_{si}} (Z_i \bar{a}_i - Z_{i-1} \bar{a}_{i-1}) \tag{2.7-1}$$

式中: S——最终沉降量, mm;

φ_s——沉降计算经验系数;

n——地基变形计算深度范围内划分的土层数;

P_0——附加压力, kPa;

E_{si}——第 i 层土的压缩模量, MPa;

Z_i、Z_{i-1}——分别为软基交工面至第 i 层土、第 $i-1$ 层土底面的距离, m;

$\bar{a}_i$、$\bar{a}_{i-1}$——分别为软基交工面至第 i 层土、第 $i-1$ 层土底面范围内平均附加应力系数, 场地为吹填形成, 根据工程经验, 附加应力系数取 1。

2.7.2 曲线拟合法

曲线拟合法是一种经验方法, 即假定地基沉降历程符合某一种已知函数曲线, 再利用实测沉降数据拟合曲线参数, 然后利用确定后的曲线公式预估算地基在任一时间的沉降量。

2.7.2.1 双曲线法

双曲线法假定沉降平均速率以双曲线形式递减, 它是通过用双曲线函数表示地基处于非线性状态变形特性 (土体应力应变曲线呈非线性关系) 的方法来预测沉降变形。

具体过程:

$$\frac{t - t_0}{S_t - S_0} = a + b(t - t_0) \tag{2.7-2}$$

式中: t_0——荷载达到恒定的时间, d;

a、b——由实测沉降曲线求得的系数；

S_0——t_0 时刻地基沉降，mm；

S_t——t 时刻的地基沉降，mm。

地基最终沉降量：

$$S = S_0 + 1/b \tag{2.7-3}$$

式中符号意义同前。

2.7.2.2　对数曲线法

对数曲线法又称三点法，即从实测的 $S \sim t$ 曲线上选择荷载恒定后的 t_1、t_2、t_3 三点，使三点的时间间隔相等，即 $t_3 - t_2 = t_2 - t_1$，三点对应的沉降量分别为 S_{t_1}、S_{t_2}、S_{t_3}。由固结度计算公式可推算最终沉降量。

固结度计算公式为：

$$U_t = 1 - Ae^{-Bt} \tag{2.7-4}$$

式中：U_t——t 时刻的固结度；

A——系数，$A = 8/\pi^2$；

B——待定系数，$B = \frac{1}{t_2 - t_1}\ln\left(\frac{S_{t_2} - S_{t_1}}{S_{t_3} - S_{t_2}}\right)$。

任一时刻的沉降量：

$$S_t = S_d + U_t S_c \tag{2.7-5}$$

式中：S_t——t 时刻沉降量，mm；

S_d——瞬时沉降量，mm；

S_c——主固结沉降量，mm；

其他符号意义同前。

地基最终沉降量的关系式为：

$$S = \frac{S_{t_3}(S_{t_2} - S_{t_1}) - S_{t_2}(S_{t_3} - S_{t_2})}{(S_{t_2} - S_{t_1}) - (S_{t_3} - S_{t_2})} \tag{2.7-6}$$

式中符号意义同前。

2.7.2.3　Asaoka 法

Asaoka 法是利用已有的沉降观测资料求出未知参数，然后根据已确定的参数预估最终沉降量。沉降时间序列的递推公式为：

$$S_j = \beta_0 + \beta_1 S_{j-1} \tag{2.7-7}$$

式中：S_j——第 j 个数据沉降量，mm；

β_0、β_1——待定系数；

S_{j-1}——第 $j-1$ 个数据沉降量，mm。

最终沉降量：

$$S=\frac{\beta_0}{1-\beta_1} \tag{2.7-8}$$

式中符号意义同前。

2.7.2.4 沉降速率法

任一时刻的沉降量：

$$S_t=[(m-1)P_t/P_0+\sigma_t]S_c \tag{2.7-9}$$

式中：m——综合修正系数；

P_t——t 时刻的累计荷载，kPa；

P_0——总的累计荷载，kPa；

σ_t——t 时刻的附加压力，kPa；

其他符号意义同前。

最终沉降量：

$$S=mS_c \tag{2.7-10}$$

在恒载条件下，沉降速率为：

$$\dot{S}_t=AS_c\mathrm{e}^{-\beta t} \tag{2.7-11}$$

$$A=\frac{8}{P\pi^2}\sum_{i=1}^{n}q_i(\mathrm{e}^{-\beta t_i}-\mathrm{e}^{-\beta t_{i-1}}) \tag{2.7-12}$$

式中：q_i——第 i 级荷载的加荷速率，kPa/d；

t_{i-1}——第 i 级荷载的起始时刻，d；

t_i——第 i 级荷载的终止时刻，d。

由实测过程线点绘 $\ln S_t \sim t$ 关系曲线，其截距为 AS_c，斜率为 β，由公式（2.7-12）可求 A，由公式（2.7-9）可求 S_c，由公式（2.7-10）可求 m，即可求得 S_∞。

2.7.2.5 星野法

星野法的沉降计算公式：

$$S_t=S_0+\frac{AK\sqrt{t-t_0}}{\sqrt{1+K^2(t-t_0)}} \tag{2.7-13}$$

式中：S_t——t 时刻的总沉降量，mm；

A，K——待定的系数；

其他符号意义同前。

由式（2.7-13）可得：

$$\frac{t-t_0}{(S-S_0)^2}=\frac{1}{A^2k^2}+\frac{1}{A^2}(t-t_0) \tag{2.7-14}$$

由实测过程线，假定 S_0、t_0，点绘$\frac{t-t_0}{(S-S_0)^2}\sim(t-t_0)$曲线，其截距为$\frac{1}{A^2K^2}$，斜率为$\frac{1}{A^2}$。参数 A、K 确定后，得到最终沉降量：

$$S=S_0+A \tag{2.7-15}$$

最终沉降量的计算方法，各有其优缺点。在实际推算时，应将实测曲线进行光滑处理，也可以用几种方法同时试算，选择吻合较好的一种方法加以推求。

2.8 本 章 小 结

本章重点给出了吹填场地地基处理的设计内容、分区设计步骤、吹填场地分区原则，系统介绍了吹填场地排水固结技术排水系统、加压系统的设计方法，并给出了相应的经验参数取值。此外，还介绍了最终沉降推算的实用计算方法。

第3章 吹填场地软土沉降—固结特性试验研究

3.1 引 言

吹填土在固结过程中经历了从孔隙比较大的流态到孔隙比较小的固态的变化过程，孔隙比在此过程中发生较大的改变。土体的渗透性和压缩性均与土体的孔隙比有关，和原状软土固结特性相比，含水率较高的吹填土固结过程中的渗透性变化较大。本章以汕头市东部城市经济带市政基础设施建设项目软土地基处理试验段为背景，通过室内试验对非均质吹填场地软土沉降-固结特性进行研究，取得了不同初始含水率和不同含砂比组成的非均质吹填场地软土沉降-固结基本规律，为非均质吹填场地的沉降计算提供依据。

3.2 吹填场地软土沉降—固结特性试验研究概述

3.2.1 工程背景

以汕头市东部城市经济带市政基础设施建设项目软土地基处理试验段为背景，对该非均质吹填场地软土沉降—固结特性进行室内试验研究。非均质吹填场地位于汕头市韩江三角洲网河出海口区域，工程建设范围为东经116°45′50″~116°50′57″、北纬23°19′29″~23°25′42″之间，吹填土的深度为2.4~10.1m，$①_1$层~$①_4$层均为砂混淤泥的吹填土，呈灰或灰黄色，饱和，流塑状态，根据32个不同取样点的颗粒分析统计，粗粒组（2~0.075mm）占比为0.9%~36.2%。

3.2.2 试验目的

非均质吹填场地软土沉降—固结特性室内试验研究的目的有：

（1）采用大尺寸的沉降柱试验方法，研究不同初始含水率、不同含砂比的非均质吹填土颗粒在自重作用下的泥面沉降量与沉降速率的基本特征；

（2）采用大尺寸固结试验，研究非均质吹填土的固结特性，分析在各级压力下试样固结稳定后的孔隙比，某一压力范围内的压缩系数、压缩模量、固结系数等变化规律。

3.2.3　试验方案

此次试验的吹填土颗粒组成主要为粗粒组（砂粒，粒径 > 0.075mm）和细粒组（粉粒和黏粒，粒径 < 0.075mm），如直接取淤泥混砂土样进行试验可能会导致含砂比无法准确控制，且对于低含砂比的土样，还可能需要进行砂、淤泥分离工作，因此，为了更方便地配置多种含砂比的吹填土自重沉降试样，采用的是粗粒组和细粒组分开取样的方式。

试验中的粗粒组为海砂，取自于同一吹填料源附近的海砂堆场。根据筛析试验，粒径 d 大于 2mm 占比 3.2%；2 ~ 0.5mm 占比 10.6%；0.5 ~ 0.25mm 占比 45.4%；0.25 ~ 0.075mm 占比 40.4%；小于 0.075mm 占比 0.3%。按照中华人民共和国国家标准《岩土工程勘察规范》(GB 50021—2001)[152]的第 3.3.3 条的分类方法属于中砂（粒径大于 0.25mm 的颗粒质量超过总质量 50%）。试验前将上述海砂过 2mm 的筛网，如图 3.2-1a）所示。

a）海砂取样地图

b）吹填淤泥土取样

图 3.2-1　取样点照片

淤泥质土取自新溪片区 WE 三路以北，SN 二路，五路、六路、七路附近，这些区域均靠近吹填堆场的出水口，粉黏粒含量占比大，如图 3.2-1b）

所示，其常规物理性质如表3.2-1所示。试验用水是取自韩江三角洲网河出海口附近区域的海水，pH酸碱度值为8.1。

吹填淤泥基本物理性质指标　　表3.2-1

物性指标		数值	物性指标	数值
颗粒组成（%）	0.5 ~ 0.25mm	2.93	密度（g/cm^3）	1.56
	0.25 ~ 0.075mm	4.73	干密度（g/cm^3）	0.86
	0.075 ~ 0.005mm	44.20	液限（%）	46.5
	<0.005mm	48.14	塑限（%）	25.0
平均含水率（%）		82.0	塑性指数	21.5
相对密度		2.69	渗透系数（cm/s）	7.9×10^{-7}

根据上述研究目的，考虑3种不同的含砂比，并按照国家标准《土工试验方法标准》（GB/T 50123—1999）[153]测定各含砂比的淤泥土的相对密度、液限、塑限、颗粒级配等。考虑到初始含水率是影响吹填土颗粒沉降—固结的因素之一，因此也设计了3种不同的初始含水率，共9组沉降柱试验。具体的试验组合如表3.2-2所示，试样的尺寸见3.3节。表3.2-2中含砂比为吹填土中粒组范围为2 ~ 0.075mm的砂的质量与细粒土（粒组范围<0.075mm）质量比值。

试验组合表　　表3.2-2

序号	含砂比SWR（%）	初始含水率IWC（%）	序号	含砂比SWR（%）	初始含水率IWC（%）	序号	含砂比SWR（%）	初始含水率IWC（%）
1	30	200	4	20	200	7	10	200
2	30	150	5	20	150	8	10	150
3	30	100	6	20	100	9	10	100

3.3 吹填土颗粒自重沉降试验研究

3.3.1 试验装置的设计与制作

考虑到边界效应的影响，采用有机玻璃制作试验用沉降柱；此外，为方便后期制作高度与直径均为16cm的大尺寸固结仪土样，将沉降柱设计成可拆卸、密封性良好的试验装置。

3.3.2　非均质吹填土颗粒自重沉降试验流程

按照表 3.2-2 中的试验组合调制不同含砂比、不同含水率的泥浆，然后将其注入沉降柱开始试验，试样初始泥浆高度为 1.3m。具体试验步骤如下：

（1）准备有机玻璃沉降柱，具体尺寸为内径 200mm，高度为 1300mm，壁厚 15mm，沉降柱的外管壁对称设置 2 个最小刻度为 1mm 的标尺，用于记录泥水分界面的实际位置，分界面高度取 2 个标尺读数的平均值。

（2）将淤泥加海水搅拌成均匀泥浆倒入沉降柱，记录时间和初始泥浆高度。

（3）每间隔一段时间监测泥水分界面的高度，记录间隔时间根据沉降速度进行调整，即沉降速度越快，记录间隔时间越短，反之，记录间隔时间越长。考虑到吹填场地表层覆水会通过排水沟和蒸发效应逐渐减少，因此在每次记录泥水分界面高度后，均会将其上覆大部分水排出。

（4）待泥面沉降速度逐渐降低并稳定至较小值时，终止试验。

3.3.3　非均质吹填土颗粒自重沉降试验成果分析

不同初始含水率、不同含砂比组合的泥水分界面沉降量随时间变化曲线如图 3.3-1 所示。

综合比较图 3.3-1 可以得出如下规律：

（1）在初始含水率为 200% 时，含砂比对泥水分界面的沉降量有明显的影响，即含砂比为 20% 时，在 50h、100h、200h、800h 的沉降量比含砂比为 10% 的相应时刻的沉降量增大 328%、302%、242%、114%；在初始含水率为 150% 时呈现同样规律，即含砂比为 20% 时，在 50h、100h、200h、400h 的沉降量比含砂比为 10% 的相应时刻的沉降量增大 161%、147%、166%、156%；初始含水率为 100% 时的含砂比为 10% 的试验模型由于 72h 后出现漏水情况，影响试验结果，故舍去。

（2）从第（1）点可知，在初始含水率为 200% 和 150% 时，含砂比由 10% 提高到 20%，试样沉降量增幅明显，但含砂比从 20% 提高至 30% 时，试样沉降量变化却相对较小，整体趋势为：含砂比为 30% 试样相对于含砂比为 20% 的试样，沉降量只是在初期有所提高，随后沉降量反而等于或小于含砂比 20%。且这种现象初始含水率越低越明显。以 400h 监测时间点为例，初始含水率为 200% 时，含砂比 30% 的沉降量比 20% 的含砂比的沉降量小 0.2%，而初始含水率为 150% 时，含砂比 30% 的沉降量比 20% 的含砂比的沉降量小 9.0%，在初始含水率为 100% 时，含砂比 30% 的沉降量比 20% 的含砂比的沉降量小 24.8%。

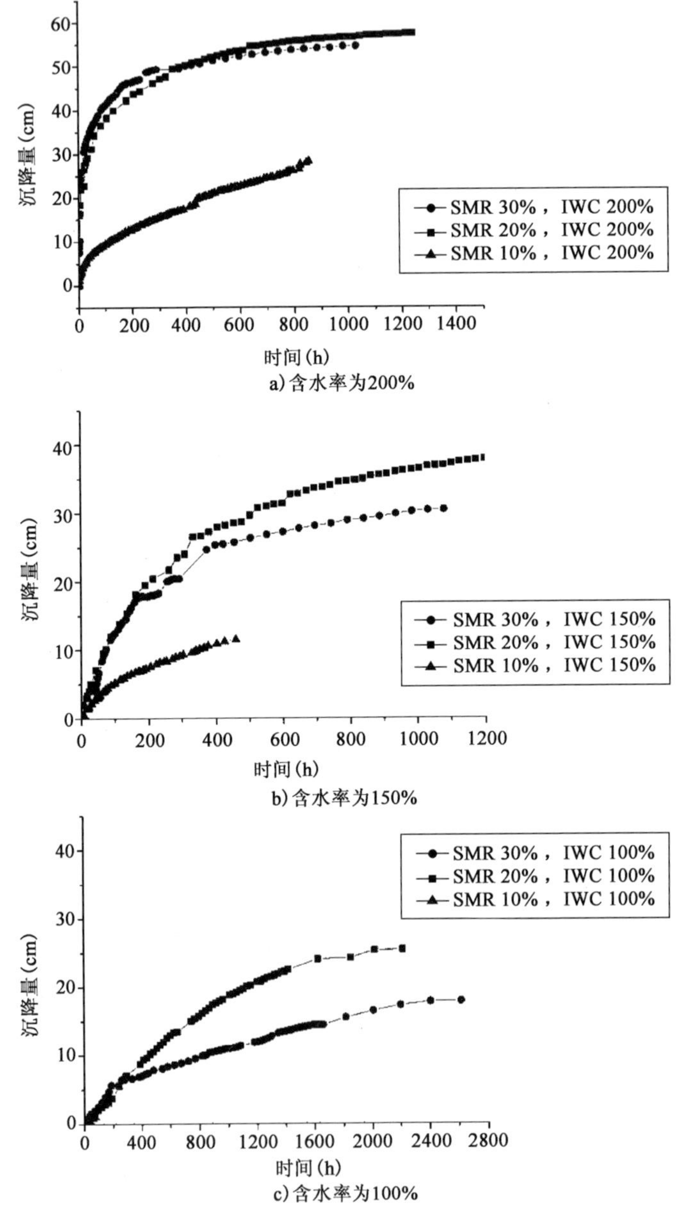

图 3.3-1　不同含水率、不同含砂比沉降量随时间变化曲线

（3）对比不同初始含水率、相同含砂比试样的泥水分界面的沉降量不同。含砂比为30%时，初始含水率200%相对于初始含水率100%的50h、100h、200h、400h的沉降量分别增加21.7倍、14.8倍、7.0倍、6.1倍；初始含水率为150%相对于初始含水率100%的50h、100h、200h、400h的沉降量分别增加2.7、3.7、2.1、3.1倍。而且，初始含水率在200%的各含砂比的沉降速率要明显高于150%与100%初始含水率的试样。因此，在初始含水率100%~300%范围内，含水率越高，沉降量越大，沉降越快。

（4）综上所述，含砂比由10%提高到20%时，沉降量增幅明显（在初始含水率为200%和150%时），但将含砂比由20%提高到30%时，30%的含砂比相对于20%的含砂比只是在初期沉降量有所提高，中后期的沉降量反而等于或小于含砂比20%，且这种现象初始含水率越低越明显。且初始含水率对沉降量也有明显的影响，具体为：在初始含水率100%~300%范围内，含水率越高，沉降量越大，沉降越快。

此外，分析沉降随时间变化的曲线形态可知，在初始含水率为200%时，同一试样的整个沉降—时间曲线基本可以分为三个阶段，如图3.3-2所示。

第Ⅰ阶段：急剧沉降阶段，泥面沉降量迅速增加，泥面沉降速率较大。

第Ⅱ阶段：减速沉降阶段，沉降量持续增加，但沉降速率相对于第Ⅰ阶段已明显减少，并逐渐趋于稳定。

第Ⅲ阶段：缓慢沉降阶段，沉降量继续增加，但沉降速率已小于0.01mm/h。

对比同一试样的整个沉降—时间曲线的三个阶段和IMAI[41]的结论（见图3.3-3）异同点有：

（1）IMAI将黏土在水中的整个自重沉积阶段分为了絮凝阶段、沉降阶段和固结阶段，而含砂比为10%~30%的整个沉降量时间曲线中，并未出现明显的絮凝阶段，其原因是IMAI所采用的试样其初始含水率均高于500%，最高达到2000%，且均为黏粒，而本试验初始含水率为200%，且属于泥砂互混浆体；

（2）IMAI的沉降时间曲线基本是线性的，而本次试验的沉积阶段呈现出比较明显的非线性特征，严格来说，上述第Ⅰ阶段与第Ⅱ阶段均属于沉积阶段；

（3）第Ⅲ阶段基本等同于IMAI的固结阶段，这点相同。

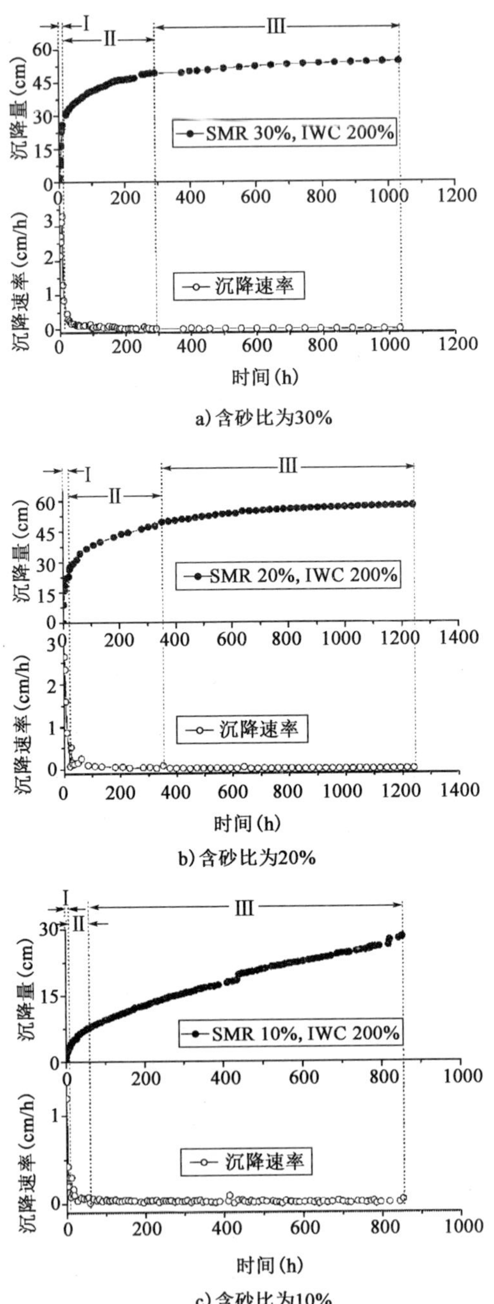

图 3.3-2 IWC 200% 条件下不同含砂比的沉降量—时间曲线

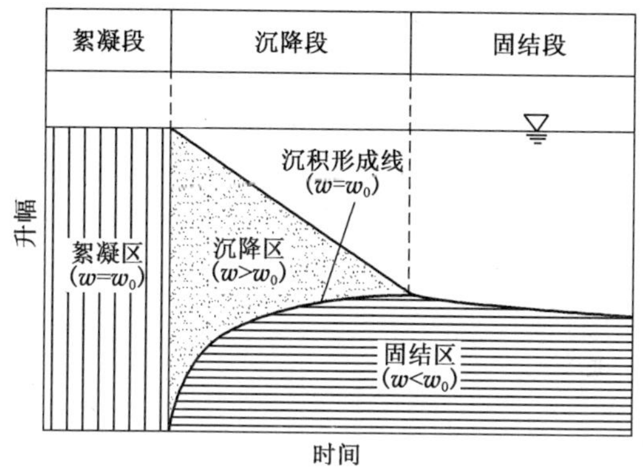

图 3.3-3　IMAI 提出淤泥沉降固结模式示意图

同样，在初始含水率为 150% 时，在含砂比为 30% 与 20% 时同一试样整个沉降—时间曲线也基本分为三个阶段，如图 3.3-4 所示，但在含砂比为 10% 时，三个阶段不是很明显，沉降速率变化不大，曲线趋于线性，验证了 IMAI 的结论。

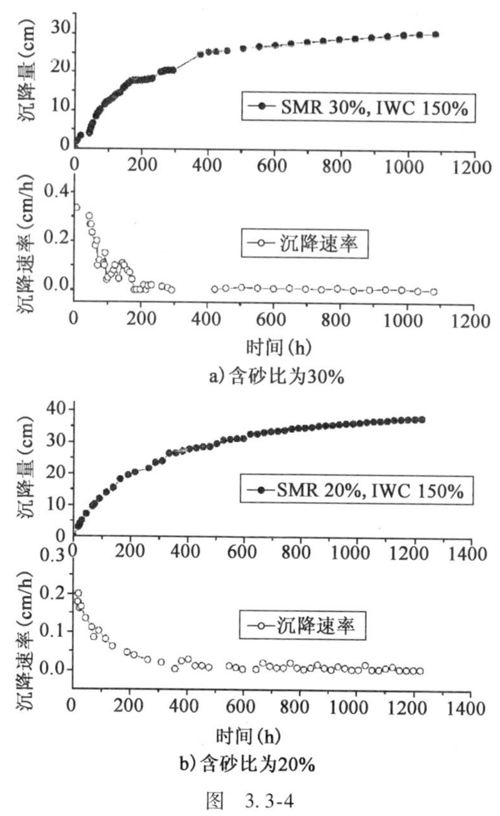

a)含砂比为30%

b)含砂比为20%

图　3.3-4

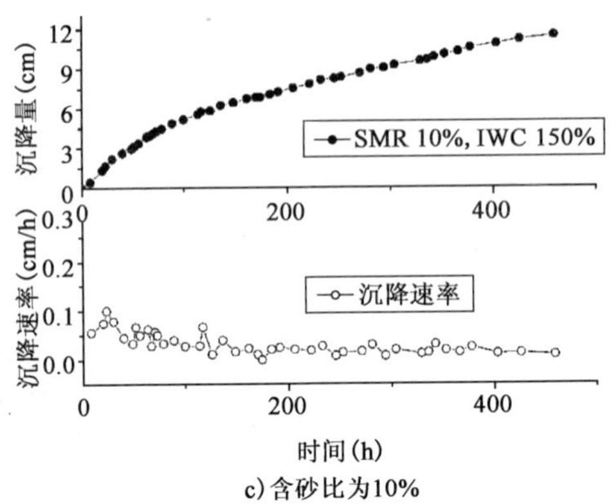

c)含砂比为10%

图 3.3-4 IWC 150%，不同含砂比的沉降量—时间曲线

初始含水率为 100% 时，含砂比为 30% 与 20% 时试样整个沉降—时间曲线三个阶段均没有初始含水率为 150% 和 200% 明显，如图 3.3-5 所示，沉降速率也未出现明显陡降阶段。

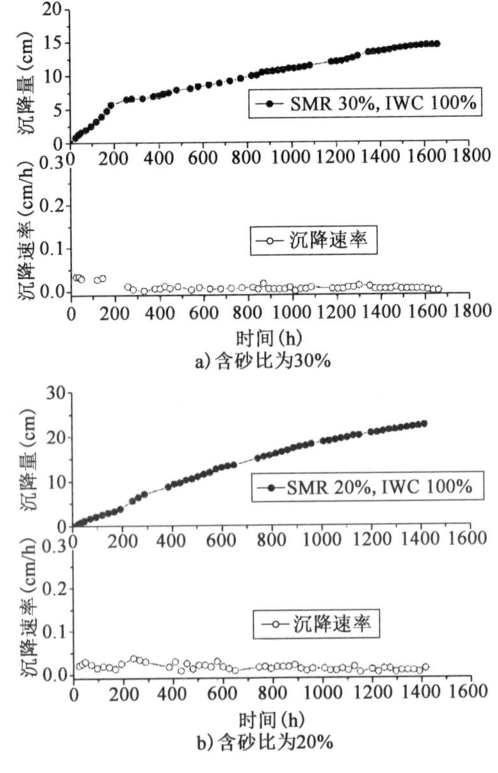

a)含砂比为30%

b)含砂比为20%

图 3.3-5 IWC 100%，不同含砂比的沉降量—时间曲线

综合比较图3.3-2、图3.3-4和图3.3-5，还可以发现，在初始含水率降低至150%时，含砂比为30%和20%时的沉积阶段为比较明显的非线性特征，而在含砂比为10%时，非线性特征已逐渐不明显，这点与初始含水率200%时有较大区别；同样，在初始含水率为100%时，含砂比为20%的沉积量时间曲线已基本接近线性，说明在初始含水率等于或低于150%时，含砂比越低，黏粒含量越高，其沉积量曲线越趋于线性。

3.4 吹填场地软土固结特性试验研究

3.4.1 试验装置的设计与制作

考虑到吹填土横纵深向分布的不均匀性和不同含砂比吹填土自重沉积规律的差异性，自行设计制作了直径16cm，高度16cm的大尺寸气压固结系统（图3.4-1），模拟了现场排水条件及各应力水平下土体的固结过程，取得了孔隙比、压缩系数、压缩模量和固结系数等参数。

图3.4-1 气压式大固结试验仪装置

3.4.2 非均质吹填土固结特性试验流程

（1）试样制备

① 沉降试验完成后，将上覆水利用真空装置抽出，将泥面以上的节段拆卸；

② 将充满泥浆的节段拆卸，拆卸过程中，利用定做薄钢片垫在所需拆卸的节段下，以保证泥浆不会因重力脱离沉降柱，用钢片托着将拆卸的沉降

柱节段转移至平整的试验平台上，如图 3. 4-2 和图 3. 4-3 所示；

图 3. 4-2　待测试样

图 3. 4-3　试样分节拆卸

③ 将环刀压入沉降柱节段内，调整好环刀位置后将环刀与沉降柱节段内的泥浆取出，并将分节沉降柱移走，取样完成，同时测定试样的含水率和密度，取切下的余土测定土粒密度。

(2) 安装

如图 3. 4-4 所示，在压密容器中放置好透水石和滤纸，将带有环刀的试样和环刀一起刃口向下小心放入护环，再在试样上放置滤纸和透水石，最后放上传压活塞，安装加压装置和百分表。

图 3. 4-4　气压式大固结试验仪装置的安装

(3) 调零

施加预压力使试样与仪器上下各部件之间接触，将百分表或传感器调整到零位或测读初始读数。

(4) 加载

如图 3. 4-5 和图 3. 4-6 所示，确定需要施加的各级压力，压力等级宜为 50kPa、100kPa、200kPa、300kPa、400kPa。

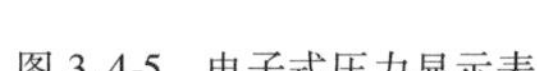
图 3. 4-5　电子式压力显示表

图 3. 4-6　表盘式压力显示表

（5）沉降记录

将施加每级压力后 24h 测定的试样高度变化每间隔 1 小时变形小于 0. 01mm 作为稳定标准。测定沉降速率时，施加每一级压力后宜按 0、15s、1min、2min、4min、6min、9min、12min、16min、20min、25min、35min、45min、60min、至稳定的时间顺序测记试样的高度变化。

（6）加第二级荷载

记下稳定读数后，施加第二级荷载。依此逐级加荷，直至试验结束。

（7）试验结束

最后一级荷载稳定后，先卸除百分表，然后卸除砝码，升起加压框，拆除仪器各部件，取出试样，测定含水率。

3. 4. 3　非均质吹填土固结特性试验成果分析

通过大尺寸固结试验得到非均质吹填土的初始孔隙比、各级压力下试样固结稳定后的孔隙比、压缩系数、压缩模量、固结系数等参数。

3. 4. 3. 1　初始孔隙比

由于试样是大尺寸试样，所得到的初始含水率、土粒密度和初始密度均为试样的平均值，因此试样的初始孔隙比也是一个平均值。需要说明的是，由于初始含水率为 200%、150%、100% 且含砂比为 30% 时，所对应的最终测试前的泥面高度不一致，导致试验时的土样数量不同。为方便对比，均以沉降柱柱底为0基准线，对待测土体的高度进行定位比较分析。三种不同试样不同高度处的平均初始孔隙比如表3.4-1所示。

三种不同试样不同高度处的平均初始孔隙比 表3.4-1

试样名称	高度（cm）				
	0～16	20～36	40～56	60～76	80～96
SWR 30%，IWC 200%	2.01	1.95	1.79	—	—
SWR 30%，IWC 150%	1.96	1.97	2.08	1.84	—
SWR 30%，IWC 100%	1.95	1.98	1.97	1.96	1.77

从表3.4-1中可以看出，SWR 30%，IWC 200%的平均初始孔隙比的规律最为明显，即沿高度方向呈现出越接近沉降柱底越大的规律。但对于SWR 30%，IWC 150%，其最大值平均初始孔隙比出现在40～56cm处，而SWR 30%，IWC 100%的0～16cm、20～36cm、40～56cm、60～76cm的初始孔隙比值很接近，变化不大。

3.4.3.2 各级压力下试样固结稳定后的孔隙比

各级压力下试样固结稳定后的孔隙比如表3.4-2所示。

各级压力下试样固结稳定后的孔隙比 表3.4-2

试样名称	高度（cm）	压力值（kPa）				
		50	100	200	300	400
SWR 30%，IWC 200%	0～16	1.51	1.20	1.09	0.97	0.88
	20～36	1.54	1.16	1.06	0.93	0.82
	40～56	1.51	1.31	1.22	1.14	1.06
SWR 30%，IWC 150%	0～16	1.42	1.14	1.05	0.96	0.89
	20～36	1.41	1.16	1.07	0.99	0.92
	40～56	1.46	1.16	1.08	1.01	0.94
	60～76	1.35	1.10	1.02	0.94	0.87
SWR 30%，IWC 100%	0～16	1.43	1.14	1.04	0.93	0.85
	20～36	1.59	1.23	1.13	1.01	0.90
	40～56	1.40	1.13	1.04	0.95	0.88
	60～76	1.38	1.09	1.01	0.93	0.85
	80～96	1.40	1.12	1.04	0.98	0.92

从表3.4-1、表3.4-2中可以看出：

（1）SWR 为 30%，IWC 为 200%、150%、100% 时，在压力值一定的情况下，各高度处试样的固结稳定后的孔隙比差别较小；

（2）SWR 为 30%，IWC 为 200%、150%、100% 的试样，最小孔隙比均出现在沉降柱的中上部或顶部，这与细颗粒土多呈絮状结构，悬浮于沉降柱表面，粗颗粒土经过自重沉降积聚于沉降柱中下部的结论相吻合；

（3）SWR 为 30%，不同含水率试样在各级压力下试样固结稳定后的孔隙比随压力增大而逐渐减小，减小速率由 26.1% ~39.1% 降低到 7.7% ~10.4%。

3.4.3.3 压缩系数

三种不同试样不同高度处的压缩系数如表 3.4-3 所示。

三种不同试样不同高度处的压缩系数 表 3.4-3

试样名称	高度（cm）	不同压力间隔所对应的压缩系数（MPa^{-1}）			
		$a_{0.5-1}$	a_{1-2}	a_{2-3}	a_{3-4}
SWR 30%，IWC 200%	0 ~ 16	6.25	1.12	1.13	0.96
	20 ~ 36	7.63	1.00	1.26	1.13
	40 ~ 56	4.07	0.81	0.89	0.80
SWR 30%，IWC 150%	0 ~ 16	5.68	0.89	0.83	0.70
	20 ~ 36	4.97	0.86	0.81	0.70
	40 ~ 56	6.01	0.84	0.73	0.70
	60 ~ 76	4.90	0.86	0.81	0.70
SWR 30%，IWC 100%	0 ~ 16	5.80	1.03	1.03	0.85
	20 ~ 36	7.29	0.96	1.21	1.09
	40 ~ 56	5.43	0.92	0.90	0.71
	60 ~ 76	5.79	0.81	0.88	0.80
	80 ~ 96	5.60	0.73	0.67	0.58

一般采用压力间隔 $P_1 = 100kPa$ 至 $P_2 = 200kPa$ 时对应的压缩系数 a_{1-2} 来评价土的压缩性。当 $a_{1-2} \leqslant 0.2MPa^{-1}$ 时，属于低压缩性土；当 $0.2 < a_{1-2} \leqslant 0.5MPa^{-1}$ 时，属于中压缩性土；当 $a_{1-2} > 0.5MPa^{-1}$ 时，属于高压缩性土。由表 3.4-3 可知，SWR 30% 且 IWC 200%、150%、100% 三种试样不同高度处的压缩系数均大于 $a_{1-2} > 0.5MPa^{-1}$，表明以上均为高压缩性土。同时，a_{1-2} 还体现出的规律是在 0 ~ 16cm 处的值最大，且高度越高，压缩系数相对越小。

相同含水率试样的压缩系数在 50 ~ 100kPa 时压缩系数值最大，在 4.07 ~

7.63MPa^{-1}范围内，在 100 ~ 400kPa 时压缩系数值接近，均在 0.58 ~ 1.26MPa^{-1}范围内。

3.4.3.4 压缩模量

计算得出的各级压力及不同高度处试样的压缩模量，如表 3.4-4 所示。

三种不同试样不同高度处的压缩模量 表 3.4-4

试样名称	高度(cm)	不同压力间隔所对应的压缩模量（MPa）			
		$E_{s0.5-1}$	E_{s1-2}	E_{s2-3}	E_{s3-4}
SWR 30%，IWC 200%	0 ~ 16	0.48	2.69	2.66	3.15
	20 ~ 36	0.39	2.96	2.34	2.61
	40 ~ 56	0.69	3.46	3.14	3.47
SWR 30%，IWC 150%	0 ~ 16	1.34	3.21	3.36	3.78
	20 ~ 36	1.40	3.30	3.43	3.83
	40 ~ 56	1.35	3.47	3.82	3.97
	60 ~ 76	1.38	3.13	3.26	3.61
SWR 30%，IWC 100%	0 ~ 16	0.51	2.87	2.87	3.47
	20 ~ 36	0.41	3.10	2.45	2.73
	40 ~ 56	0.55	3.22	3.28	4.16
	60 ~ 76	0.51	3.66	3.36	3.69
	80 ~ 96	0.49	3.80	4.10	4.73

3.4.3.5 固结系数

采用时间平方根法得到三种不同试样各高度处的固结系数，见表 3.4-5。

三种不同试样各高度处的固结系数（$10^{-3}cm^2/s$） 表 3.4-5

试样名称	高度(cm)	固结压力（kPa）				
		50	100	200	300	400
SWR 30%，IWC 200%	0 ~ 16	0.82	2.93	3.11	2.80	0.82
	20 ~ 36	1.36	0.85	2.56	2.45	2.34
	40 ~ 56	1.11	0.80	2.48	2.78	2.56
SWR 30%，IWC 150%	0 ~ 16	1.20	0.79	2.48	2.74	2.90
	20 ~ 36	1.05	0.76	2.46	2.94	2.72
	40 ~ 56	1.17	0.82	2.28	2.70	2.56
	60 ~ 76	1.36	0.81	1.81	1.77	1.65

续上表

试样名称	高度(cm)	固结压力(kPa)				
		50	100	200	300	400
SWR 30%，IWC 100%	0~16	1.25	0.74	2.49	2.66	2.20
	20~36	1.27	0.95	2.69	2.89	2.95
	40~56	1.04	0.66	2.39	2.38	2.20
	60~76	1.08	0.86	2.34	2.78	2.56
	80~96	1.32	0.93	2.86	3.17	3.24

固结系数是固结理论中反映土体固结快慢的最重要参数之一，表3.4-5提供了五种不同压力下，沉降柱不同高度处的固结系数，从表3.4-5可以看出：

（1）同一高度处的试验固结系数随固结压力的增大而无明显变化规律，最大值一般出现在300kPa时，取值范围为$(1.77\sim3.17)\times10^{-3}cm^2/s$(个别点除外)，最小值一般出现在荷载为100kPa时，取值范围为$(0.66\sim0.95)\times10^{-3}cm^2/s$；

（2）由于试样均是自重沉积固结而形成，不同高度处的试样，在不同的固结压力下，其固结系数的变化规律也较为复杂，如SWR 30%，IWC 200%试样，在固结压力为50kPa时，中部（20~36cm）处的固结系数最大，为$1.36\times10^{-3}cm^2/s$，而固结压力为100kPa、200kPa、300kPa时，下部（0~16cm）处的固结系数最大，分别为$2.93\times10^{-3}cm^2/s$、$3.11\times10^{-3}cm^2/s$、$2.80\times10^{-3}cm^2/s$，固结压力为400kPa时，上部（40~56cm）处的固结系数最大，为$2.56\times10^{-3}cm^2/s$；

（3）当含砂比较大（30%）且相同、初始含水率不同时，初始含水率较大的自重沉降固结试样沉降最快，在低固结压力时（50~200kPa时）固结系数相对较大。

3.5 本章小结

（1）含砂比由10%提高到20%时，沉降量增幅明显（在初始含水率为200%和150%时），但将含砂比由20%提高到30%时，30%的含砂比相对于20%的含砂比只是在初期沉降量有所提高，中后期沉降量反而有所降低，且这种现象初始含水率越低越明显；

（2）相同含砂比条件下，初始含水率在100%～300%范围内，含水率越高，沉降量越大，沉降越快；

（3）初始含水率为200%时，各含砂比试样的整个沉降—时间曲线基本可以分为三个阶段：急剧沉降阶段、减速沉降阶段、缓慢沉降固结阶段，其中第Ⅱ沉积阶段呈现出比较明显的非线性特征。随着初始含水率降低，沉降—时间曲线的三个阶段和非线性特征逐渐弱化，说明初始含水率对沉降—时间曲线的形态影响较大；

（4）相同初始含水率条件下，含砂比越低，黏粒含量越高，沉降—时间曲线越趋于线性；

（5）同一高度处的试验固结系数随固结压力的增大而无明显变化规律，最大值一般出现在300kPa时，取值范围为$(1.77 \sim 3.17) \times 10^{-3} cm^2/s$（个别点除外），最小值一般出现在荷载为100kPa时，取值范围为$(0.66 \sim 0.95) \times 10^{-3} cm^2/s$；总体来说，当含砂比一定时（30%）、初始含水率不同时，初始含水率较大的自重沉降固结试样沉降量最大。

第 4 章　吹填堆载降水预压强夯联合排水固结技术

4.1 引　　言

吹填堆载降水预压强夯联合排水固结技术适用于沿江、沿海上为砂层、下为软土层的岸滩地域的吹砂造陆工程，具有造价低、工期短、工后沉降小等优点。本章结合汕头市东部城市经济带市政基础设施建设项目软基处理工程，分别采用“塑料排水板 + 挤密砂桩 + 堆载”法和“吹填堆载降水预压强夯联合技术”进行现场试验，研究了吹填堆载降水预压强夯联合技术的适用性，分析了吹填软土地基加固过程中的地基土变形、孔隙水压力等变化规律及其对周围环境的影响，并对该方法的设计参数和施工工艺等进行了优化，可为今后类似工程设计提供依据。

4.2 技 术 原 理

吹填堆载降水预压强夯联合法系统布置如图 4. 2-1 所示，该方法包含排水板、管井、止水墙、堆载层、强夯等。针对泥砂互层场地，在划定处理区域后，布置降水设备，降低地下水位，增加待处理土层的有效应力；插打竖向排水板至软土层，作为竖向排水通道，在表层铺设砂垫层，作为水平排水通道，二者联合构成立体式排水体系，可及时、有效地将自由水和结合水排出；在砂垫层上铺设土工布和隔水膜，将降水分为两个独立的排水体系；围绕处理区域建造止水墙，有效隔绝外界地下水的流入；在围堰底部开挖砂沟，排出堆载层中的地下水；在围堰内堆筑预压堆载，待沉降稳定后，对处理区域进行强夯，平整场地。

该技术的关键是在降水前，建造泥浆搅拌墙，避免处理区域外的砂层内的地下水流入处理区域；降水和堆载同时施工，在降水和堆载的同时作用下，两者互相促进，增加施工过程中的沉降量，从而减少工后沉降量；土工布和隔水膜将砂层与堆载分隔成两层独立的排水系统。上层的堆载通过围堰各边底部的出水砂沟进行自重排水，下层的砂层使用管井排水。

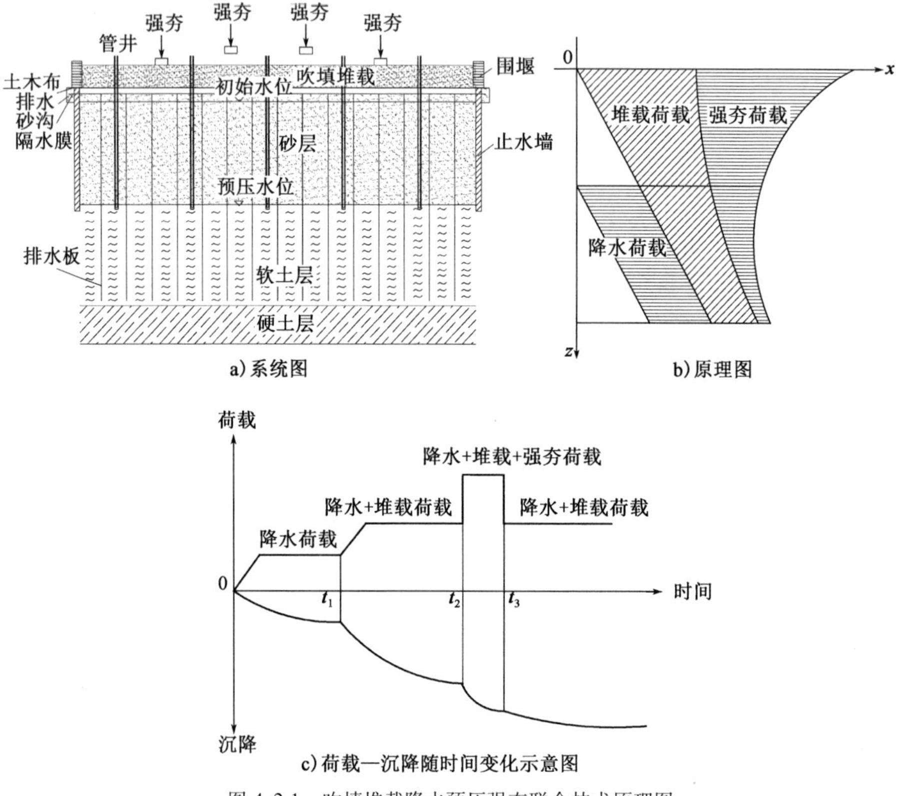

图 4.2-1　吹填堆载降水预压强夯联合技术原理图

4.3　设计思路和设计原则

吹填堆载降水预压强夯联合排水固结技术对泥砂互层吹填场地加固时遵循以下设计思路和设计原则。

(1) 分区地基处理参数设计

首先对处理场地进行详细勘察，在此基础上根据设计荷载对处理场地进行沉降计算，根据沉降计算结果进行分区地基处理参数设计。

(2) 设置止水系统

止水系统包括挡水围堰和泥浆搅拌或水泥土搅拌桩密封墙。

对于上部堆载土层周围，如初始地形较低需设置挡水围堰阻止外围地表水的流入。围堰用袋装黏性土或者袋装砂土堆筑而成，高度不小于2m，各边底部留出水砂沟，各边上部留出水口。出水砂沟一般深30cm，宽40cm，长度为围堰底宽的1.5倍。排水砂沟的间距和数量根据堆载的性质而定。

对于渗透性较好的砂层，围绕处理区域需设置密封墙，起到阻止外部地下水的补给、防止场地侧向变形的作用；同时，对场地起到握裹效应，防止后期场地四周进行其他工程时，前期已有建构筑物与后期场地处理产生差异沉降。密封墙的深度为深入淤泥层0.5~1.0m。

（3）设置排水系统

对于渗透性较差的吹填淤泥层，通过设置排水板增加排水通道。排水板打设深度为穿透下卧淤泥层，排水板间距根据井径比和计算沉降量确定。根据《建筑地基处理技术规范》（JGJ 79—2013）塑料排水带井径比 $n=15\sim22$。当计算沉降量大时 n 取小值，反之取大值。

在渗透性较好的吹填砂层中设置管井，管井深度穿透砂层，深度应达到砂层以下0.5~1.0m，上端应高出围堰0.5~1.0m。井数量及井径、水泵的大小按该砂层的给水能力和砂层体积确定。管井直径一般可取300~500mm，管井间距根据降水计算确定。全过程24h持续降水，碾压完成且沉降稳定后停止降水施工。

（4）确定堆载厚度

围堰内堆载厚度取决于软土层的压密沉降量。首先根据软土层的物理力学性质、厚度及附加荷载计算出软土层沉降量，然后取计算沉降量的1.1~1.15倍（优选1.1倍）计算压密沉降量。

（5）加速排水固结，消除工后沉降

对于渗透性较差的淤泥层在“堆载预压+降水预压+动力预压”作用下加速排水固结，消除工后沉降。

（6）密实砂层，消除砂土液化

对渗透性较好的砂层在“堆载预压+动力预压”作用下，使得砂层密实，消除砂土液化。

（7）动力加荷

动力加荷采用“轻夯多遍”的工艺方式进行，在场地表面形成“硬壳层”，保证地基承载力的同时，对下卧软土形成“动力预压”。当下卧软土在“堆载预压+降水预压”荷载作用下在计划工期内不能完成90%固结度时，通过增加单位面积强夯能量的方法补充预压荷载的不足。

强夯的设计参数包括夯点的设置，夯击能的选择，夯击次数和每遍点夯之间、点夯与满夯之间的间隔时间根据吹填土性质（吹填土含水率，粒径，强度等）、地下水位埋深等确定。

（8）吹填堆载降水预压停止时间需满足的条件

① 计算沉降量已完成80%以上，沉降—时间曲线已基本平稳；

② 后5次沉降量均小于3mm/d；

③ 竖向排水体的排水量已接近于0。

4.4 现场试验

4.4.1 工程背景

本场地为汕头东部城市经济带市政工程软基处理项目试验二区，面积21000m^2。地质情况如图4.4-1所示，场地主要拟处理地层及个别土层物理力学参数如表4.4-1和表4.4-2所示。

试验二区地层分布　　表4.4-1

名　称	厚度（m）	地层特性
①$_1$ 回填粗砂	3.89~7.4	黄灰色，稍湿~饱和，以中砂为主，颗粒级配良好，混少量的角砾、砾石，局部夹有少量黏土团块，混少量黏粒及贝壳碎屑
①$_2$ 回填细砂	0~1.0	黄灰色~灰色，饱和，稍密，以细砂为主，颗粒级配不良，局部夹有少量的淤泥团块或淤泥
①$_3$ 回填土	0~2.2	浅灰黄色，稍湿，硬塑，以黏土夹砂为主，黏性一般，夹较多薄层粗砾砂，混少量贝壳碎
①$_4$ 淤泥	0~0.73	灰色，饱和，流塑，混少量腐殖质，贝壳碎，少量粉细砂
②$_1$ 淤泥	3.2~11.64	灰色，饱和，流塑，滑腻，混少量的细砂，局部夹少量微薄层粉砂，稍具臭味
③$_1$ 黏土~粉质黏土	1.2~3.09	分布在③$_3$层上下，灰色，饱和，流塑，局部混少量细砾及淤泥
③$_2$ 层细砂	0~1.3	杂色，饱和，中密，颗粒级配不良，混少量黏土

续上表

名　　称	厚度（m）	地 层 特 性
③$_3$ 中粗砂	1.20 ~ 1.927	浅灰黄色，灰黄色夹灰白色，饱和，稍密，级配不良，混较多黏粒，局部夹少量的黏土团块
④$_1$ 淤泥质土	1.46 ~ 3.14	浅灰黄色，饱和，可塑，切面平整，混少量的细砂，局部混少量细砂，黏性大

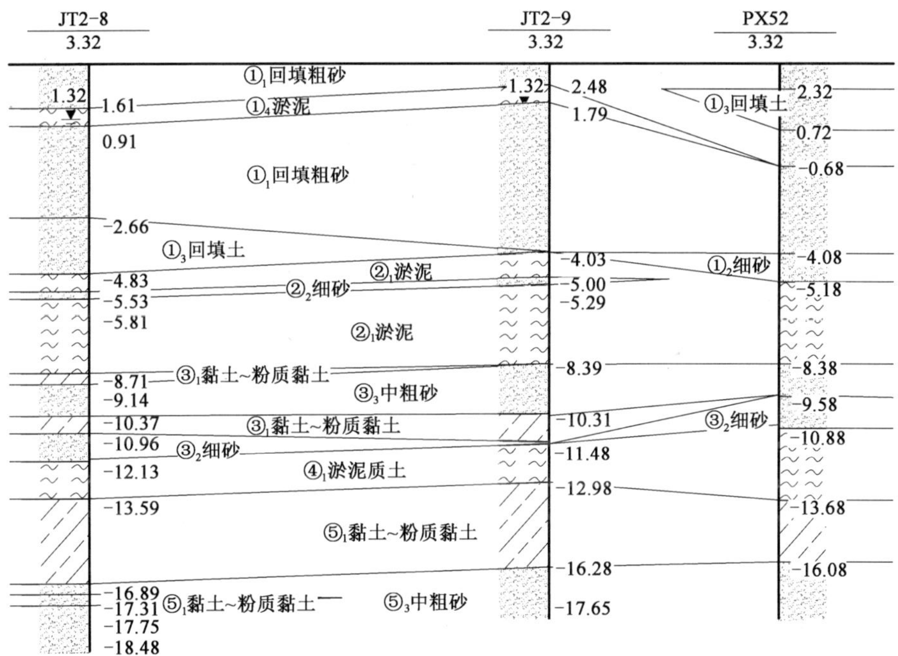

图 4.4-1　试验二区代表地质剖面

试验二区物理力学参数　　表 4.4-2

土层名称	w (%)	ρ (g/cm^3)	e	I_P	I_L	C_q (kPa)	φ_q (°)	E_{s1-2} (MPa)	a_{v1-2} (MPa^{-1})	N' (击)
①$_1$ 回填中粗砂		1.99								3.5
①$_2$ 细砂		2.02								2.7
②$_1$ 淤泥	52.6	1.69	1.434	19.0	1.06	8.7	4	2.28	0.870	
④$_1$ 淤泥质土	48.9	1.75	1.37	16.5	0.82	17.2	5.8	2.96	0.678	

试验二区场地北侧与外砂河直线距离800m，南侧相邻海堤外即为南海。工程所属海域部分地表海水发育，所属陆域部分原为韩江三角洲海滨地貌，后经人工吹填形成。地下水主要为上部孔隙水及下部承压水，水域上部含水层与海水相通，主要接受海水的补给，下部地下水主要蕴含在下部砂层中。试验二区场地的工程地质条件如下：

（1）地层上部为①$_1$层吹填中粗砂，下卧②$_1$层和④$_1$层淤泥～淤泥质土，沉积软土的分布性状和厚度差异很大，结构复杂；

（2）②$_1$层以上主要为吹填砂层，中等～严重液化，需采取必要的措施，消除砂土液化；

（3）②$_1$层、④$_1$层为淤泥～淤泥质土，具有一定厚度且埋深较大，具有高含水率、大孔隙比、高压缩性、低承载力等特性，在长期荷载作用下会有较大沉降及不均匀沉降，因此，需采取措施提前完成此层的工后沉降。

为了进行对比试验研究，将试验二区平均分为试验2-1区和试验2-2区，长均为150m，宽均为70m。试验2-1区采用“塑料排水板+集水井+挤密砂桩+堆载”的方法进行地基处理，试验2-2区采用“吹填堆载降水预压强夯联合法”处理场地。

4.4.2 试验目的

本试验的试验目的如下：

（1）验证“塑料排水板+集水井+挤密砂桩+堆载”法和“吹填堆载降水预压强夯联合法”是否适用于泥砂互层吹填场地，是否可实现工后沉降<30cm、地基承载力$f_{ak}\geq 120$kPa、差异沉降小于3/1000的技术指标；

（2）寻求该项目软基处理的重要设计参数、施工工序关键控制参数；

（3）通过收集各试验段加固方案的监测、检测数据，对比分析试验前后及试验中关键点的加固效果，明确各种地质条件下所采用方法的有效性及相关参数。

4.4.3 方案设计

根据地质情况，计算得到试验二区设计参数如表4.4-3和表4.4-4所示。

2-1 区设计施工参数　　表 4. 4-3

项　目	设 计 参 数
塑料排水板	采用 B 型塑料排水板，间距 1m×1m，板底穿过淤泥质土层底 ±0. 5m，平均深度为 20m
排水沟	深 1m，顶宽 1. 5m，底宽 1m
集水井	井管材料为 ϕ800mm 预制混凝土管，间距 30m，长度为 10m，沿场地中心线布置，共 3 口
挤密砂桩	填充材料为中粗砂，直径 0. 4m，间距 1. 6m×1. 6m 正方形布置，桩底穿过吹填砂层，平均深度为 8. 5m
堆载	第一级堆载厚度为 1m，第二级堆载厚度为 2m
卸载	恒载，待沉降稳定后卸载至交工面以上，并预留振动碾压沉降量
振动碾压	平整场地、振动碾压 4 ~5 遍

2-2 区设计施工参数　　表 4. 4-4

项　目		设 计 参 数
排水板		B 型塑料排水板，间距 1m×1m，板底穿过④$_1$层底 ±0. 5m
管井		井管材料为 ϕ300mm 波纹管，降水井场地中心线布设，间距 28m，场地北侧（靠吹填场地侧）截水井沿边线按照 15m 间距布设，场地南侧（靠海侧）截水井沿边线按照 10m 间距布设，井底进入淤泥层 1m，井口高出堆载面 0. 3m，长度 8. 5 ~13m。管井井身按照间距 20cm 开孔，共 5 排。管井井壁回填 0. 1m 厚中粗砂作为滤水层。 堆载前开始降水施工，截水井及降水井内水位控制在井底处，堆载、强夯、恒载、振动碾压期间 24h 持续降水，碾压完成并且沉降稳定后停止降水施工
堆载		第一级堆载厚度为 1m，第二级堆载厚度为 2m
强夯	普夯	单击能 1000kN · m，每点 2 击
	第一遍点夯	单击能 2500kN · m，每点 8 击，7m×7m 正方形布设
	第二遍点夯	单击能 3500kN · m，每点 10 击，7m×7m 正方形布设
	第三遍点夯	单击能 2000kN · m，每点 6 击，7m×7m 正方形布设
	第四遍点夯	单击能 2000kN · m，每点 6 击，7m×7m 正方形布设
	满夯	单击能 1000kN · m，每点 2 击，1/4 锤印搭接
卸载		恒载，待沉降稳定后卸载至交工面以上，并预留振动碾压沉降量
振动碾压		平整场地、振动碾压 6 遍

4.4.4 施工工艺

4.4.4.1 施工流程

2-1 区采用“塑料排水板 + 集水井 + 挤密砂桩 + 堆载”组合排水固结技术的施工（图 4.4-2），要点在于首先进行排水板施工，其次在试验区外侧开挖排水沟，场地中线设置大口径集水井，之后进行挤密砂桩施工，最后分两级进行堆载预压。根据观测数据，沉降稳定后进行振动碾压至交工面。

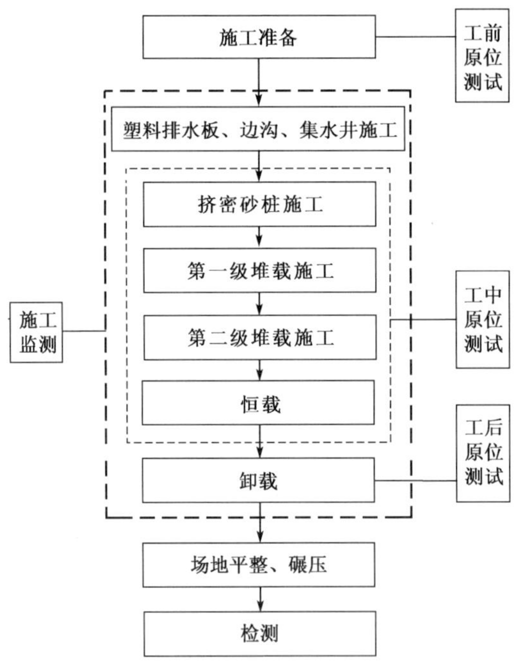

图 4.4-2　2-1 区工艺流程图

2-2 区采用“吹填堆载降水预压强夯联合法”的施工（图 4.4-3），要点在于先进行排水板施工，再在场地中线打设降水管井，场地四周打设截水管井，之后进行第一级堆载预压，第一级堆载后普夯及两遍点夯施工，再进行第二级堆载预压，第二级堆载后两遍点夯及满夯施工，最后振动碾压至交工面。该施工工艺的关键在于在降水预压施加附加荷载的同时，进行堆载预压，然后作用低能级的强夯，形成降水压力 + 堆载 + 强夯共同作用的超载作用，打破土体固有平衡，加速土体固结，提高固结度。

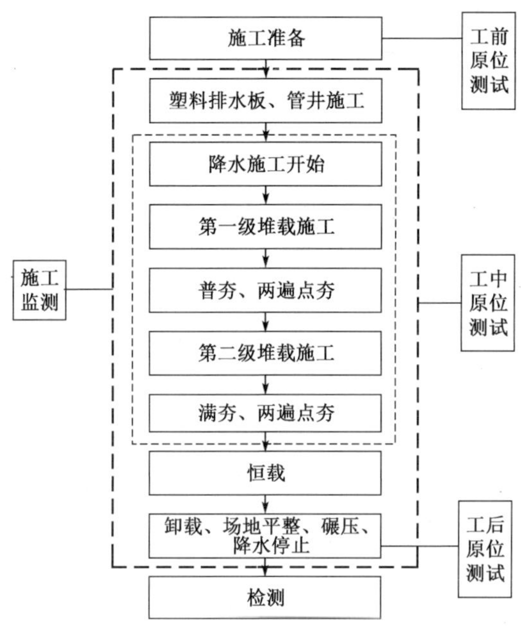

图 4.4-3　2-2 区工艺流程图

4.4.4.2　现场施工

2-1 区采用“塑料排水板 + 集水井 + 挤密砂桩 + 堆载”组合排水技术，有效施工时间为 174d，（有效施工时间为扣除由恶劣天气、材料短缺等客观因素造成的延误时间后的施工时间）。2-2 区采用“吹填堆载降水预压强夯联合法”静动组合排水固结技术，有效施工时间为 141d。2-1 区、2-2 区现场施工照片如图 4.4-4 和图 4.4-5 所示。

a）塑料排水板施工

b）集水井安装施工

图　4.4-4

c)排水沟施工

d)挤密砂桩施工

e)堆载施工

f)平整碾压

图 4.4-4　2 区 2-1 小区现场施工

a)塑料排水板施工

b)截水井、降水井安装施工

c)降水施工

d)第一级堆载

图　4.4-5

e) 强夯施工

f) 第二级堆载

g) 强夯施工

h) 整平碾压

图 4.4-5　2 区 2-2 小区现场施工

4.4.5　施工监测与检测

4.4.5.1　监测与检测方案

为保证试验数据完成、施工质量可控、方案调整及时有效，对试验段二区施工全过程进行了监测。

本试验监测项目包括表层沉降、分层沉降、孔隙水压力、水位。图 4.4-6 中 2-1 区、2-2 区布设监测元件分别有表层沉降板 9 个、分层沉降孔 3 个、孔隙水压力孔 3 个、水位孔 3 个。

本试验检测项目包括土工试验、标准贯入试验、静力触探试验、十字板剪切试验和荷载板试验。图 4.4-6 中所示两试验区检测元件分别有静力触探孔 6 个，钻孔 3 个，十字板剪切孔 3 个和荷载板 2 个。

4.4.5.2　沉降监测

4.4.5.2.1　表层沉降监测

表层沉降板沿地基处理中心线及两侧每隔 50m 间距布置一个，共布设 9

个。在排水板施工后、堆载开始施工前埋设。埋设深度为塑料排水板施工完成地面以下 1m，沉降板规格为 1m×1m，钢板厚 20mm，板上的沉降杆是可以接长的铸铁管，每一节长度为 1.5m，随堆载逐渐加高至顶面以上 1m 为止。2-1 区、2-2 区表层沉降随时间变化的曲线如图 4.4-7 和图 4.4-8 所示，各监测点位沉降量见表 4.4-5。

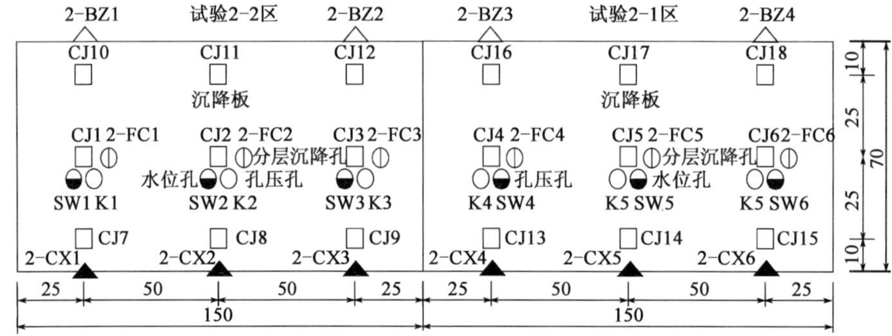

a) 监测系统布置图

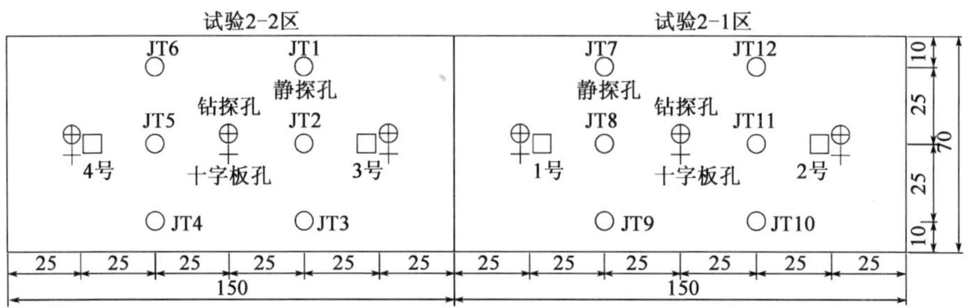

b) 检测系统布置图

图 4.4-6　试验二区监测和检测测点布置图（尺寸单位：m）

由图 4.4-7、图 4.4-8 和数据表 4.4-5 可得出如下结论：

（1）2-1 区共 9 个沉降板，CJ5～CJ6、CJ13～CJ16、CJ18 监测沉降量分别为 541mm、588mm、459mm、494mm、516mm、545mm、547mm，累计各测点完成总沉降量均值为 697mm（含沉降板埋设前排水板的施工沉降）；2-2区共 9 个沉降板，CJ1～CJ3、CJ7～CJ9、CJ11 监测沉降量分别为 470mm、449mm、527mm、542mm、498mm、533mm、565mm，累计各测点完成总沉降量均值为 732mm（含沉降板埋设前排水板的施工沉降）；2-2 区平均总沉降量大于 2-1 区，比 2-1 区大 9%；

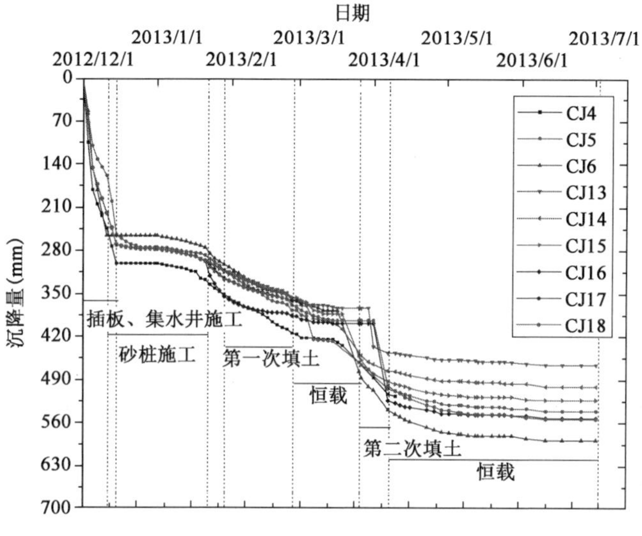

图 4.4-7　2-1 区表层沉降—时间曲线图

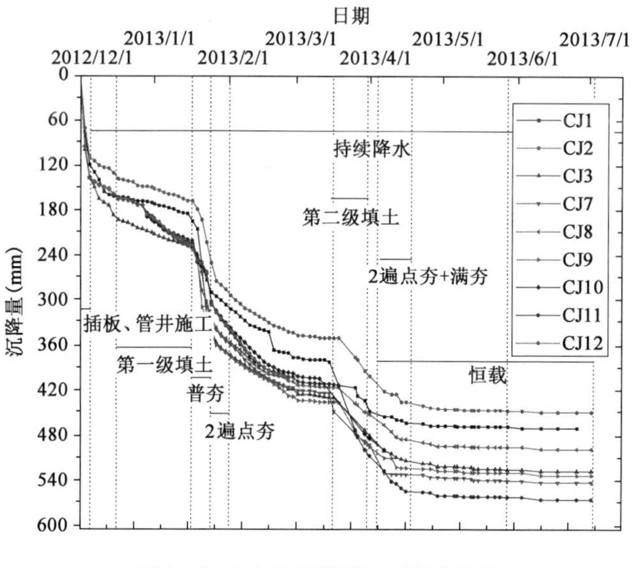

图 4.4-8　2-2 区表层沉降—时间曲线图

（2）2-1 区、2-2 区排水板施工期间沉降量分别为 170mm、220mm，分别占总沉降量的 24%、30%；2-2 区比 2-1 区排水板施工沉降量大 29%；

（3）2-1 区 7 个表层沉降监测点恒载后期沉降速率最大为 0.17mm/d，2-2 区 7 个表层沉降监测点恒载后期沉降速率最大为 0.14mm/d，沉降已稳定；

沉降监测统计表　　表4.4-5

区号	点　　号	监测沉降量（mm）	沉降板埋设前沉降量（mm）	总沉降量（mm）	恒载后期沉降速率（mm/d）	备　　注
2-1	CJ4	—	170（20m×20m方格网高程测量取均值）	—	—	监测中断
	CJ5	541		711	0.14	
	CJ6	588		758	0.1	
	CJ13	459		629	0.07	
	CJ14	494		664	0.17	
	CJ15	516		686	0.03	
	CJ16	545		715	0.14	
	CJ17	—		—	—	监测中断
	CJ18	547		717	0.1	
2-2	CJ1	470	220（20m×20m方格网高程测量取均值）	690	0.07	
	CJ2	449		669	0.07	
	CJ3	527		747	0.07	
	CJ7	542		762	0.07	
	CJ8	498		718	0.10	
	CJ9	533		753	0.14	
	CJ10	—		—	—	监测中断
	CJ11	565		785	0.10	
	CJ12	—		—	—	监测中断

注：沉降板在排水板施工后才能进行埋设，因此总沉降还应包含沉降板埋设前缺失的沉降量。

（4）随着上部作用荷载逐渐增大，不同静动荷载组合作用阶段沉降量呈现先增大再减小的趋势。在降水预压、第一级填土荷载与第一次强夯动力荷载作用下，平均沉降量为415mm，占监测沉降量56.7%；在降水预压、第一级填土、第二级填土静力荷载与第二次强夯动力荷载作用下，平均沉降量为97mm，占监测沉降量13.3%；

（5）2-1区、2-2区有效施工时间分别为174d、141d；2-2区采用的处理方案有效施工工期比2-1区缩短23%，有效施工时间为扣除由恶劣天气、材料短缺等客观因素造成的延误时间后的施工时间。

4.4.5.2.2　分层沉降监测

分层沉降观测孔沿道路中线50m间距布设，两个小区共布设6个，每个小区各 3 个，在排水板施工后、砂桩（2-1 区）或堆载（2-2 区）开始施工前埋设。2-FC1、2-FC2、2-FC3 位于 2-2 区，2-FC4、2-FC5、2-FC6 位于 2-1 区，主要用于观测淤泥在预压期间固结变形、工后沉降等。

试验二区分层沉降观测从 2012 年 12 月 1 日至 2013 年 7 月 2 日，共 6 组数据，其中 2-FC2 观测日期截至 2013 年 3 月 21 日，2-FC6 观测日期截至 2013 年 4 月 1 日。各孔的累积压缩量见表 4. 4-6。

分层沉降监测数据　　表 4. 4-6

孔号	2-FC1	2-FC2	2-FC3	2-FC4	2-FC5	2-FC6
磁环 1-2	28. 5	55. 0	58. 5	54. 0	50. 0	38. 0
磁环 2-3	54. 0	48. 5	63. 5	48. 5	54. 5	47. 0
磁环 3-4	86. 5	39. 5	33. 0	37. 0	28. 5	45. 0
磁环 4-5	59. 0	42. 0	35. 5	22. 0	38. 5	2. 0
磁环 5-6	39. 0	—	—	—	—	—
累积压缩量（mm）	267. 0	185. 0	190. 5	161. 5	171. 5	132. 0
沉降环埋设高程（m）	0. 925 -1. 075 -4. 075 -7. 075 -10. 075 -13. 075	0. 925 -1. 075 -4. 075 -7. 075 -10. 075 -13. 075	0. 840 -1. 983 -5. 111 -9. 084 -13. 763	-0. 090 -3. 729 -6. 598 -10. 567 -14. 530	0. 959 -3. 041 -7. 041 -12. 041 -15. 041	0. 651 -4. 349 -7. 349 -10. 349 -13. 349

由数据表 4. 4-6 可得出如下结论：

（1）2-1 区的 2-FC4 ~ 2-FC6 中磁环 2-3 位于②$_{1}$ 层淤泥中，压缩量分别为 48. 5mm、54. 5mm、47. 0mm，对应压缩率分别为 1. 69%、1. 36%、1. 57%；磁环 4-5 位于④$_{1}$ 层淤泥质土及⑤$_{1}$ 层粉质黏土中，压缩量分别为 22mm、38. 5mm、2mm，对应压缩率分别为 0. 56%、1. 28%、0. 07%；

（2）2-2 区的 2-FC1 中磁环 3-4、5-6 位于②$_{1}$ 层淤泥、④$_{1}$ 层淤泥质土中，压缩量分别为 86. 5mm、39mm，对应压缩率分别为 2. 88%、1. 3%；2-FC2 与 2-FC3 中磁环 2-3、4-5 位于②$_{1}$ 层淤泥、④$_{1}$ 层淤泥质土中，磁环 2-3 层压缩量分别为 48. 5mm、63. 5mm，对应压缩率分别为 1. 62%、2. 03%；磁环 4-5 层压缩量分别为 42mm、35. 5mm，对应压缩率分别为 1. 4%、0. 76%；

(3) 2-1 区和 2-2 区均表现为②$_1$ 层淤泥压缩率明显大于④$_1$ 层淤泥质土，上层淤泥加固效果好于下层淤泥；

(4) 2-1 区、2-2 区的②$_1$ 层淤泥压缩率平均值分别为 1.54%、2.18%，④$_1$ 层淤泥压缩率平均值分别 0.64%、1.15%，2-2 区与 2-1 区相比，2-2 区同一淤泥层的压缩率平均值更大。

4.4.5.3 工后沉降

基于沉降标在现有施工条件下所监测得到的数据资料，采用数值方法推算残余沉降值。工后沉降量采用分层总和法、双曲线法、Asaoka 法对比计算。

分层总和法计算时，沉降经验系数取 1，附加荷载取 50kPa，2-1 区②$_1$ 层压缩模量为 3.18MPa，④$_1$ 层为 4.42MPa，2-2 区取值②$_1$ 层为 3.26MPa，④$_1$ 层为 4.463MPa。

双曲线法参数选取及计算结果见表 4.4-7，Asaoka 法参数选取及计算结果见表 4.4-8。分别采用分层总和法、双曲线法、Asaoka 法三种方法计算的工后沉降量见表 4.4-9。

双曲线法沉降量计算表 表 4.4-7

区　　号	沉降监测点	起 算 日 期	工后沉降量（mm）	平均工后沉降量（mm）
2-1	CJ5	2013.04.07	73	74
	CJ6	2013.04.07	63	
	CJ13	2013.04.07	75	
	CJ14	2013.04.07	71	
	CJ15	2013.04.07	83	
	CJ16	2013.04.07	80	
	CJ18	2013.04.07	74	
2-2	CJ1	2013.04.16	65	63
	CJ2	2013.04.16	67	
	CJ3	2013.04.16	55	
	CJ7	2013.04.16	64	
	CJ8	2013.04.16	66	
	CJ9	2013.04.16	58	
	CJ11	2013.04.16	64	

Asaoka 法沉降量计算表　　表 4.4-8

区　号	沉降监测点	起算日期	工后沉降量（mm）	平均工后沉降量（mm）
2-1	CJ5	2013.04.07	86	79
	CJ6	2013.04.07	82	
	CJ14	2013.04.07	76	
	CJ15	2013.04.07	78	
	CJ16	2013.04.07	88	
	CJ18	2013.04.07	64	
2-2	CJ1	2013.04.16	62	69
	CJ2	2013.04.16	70	
	CJ3	2013.04.16	66	
	CJ7	2013.04.16	65	
	CJ8	2013.04.16	79	
	CJ9	2013.04.16	63	
	CJ11	2013.04.16	80	

工后沉降量对比　　表 4.4-9

区　号	分层总和法（mm）	双曲线法（mm）	Asaoka 法（mm）
2-1	97	74	79
2-2	95	63	69

由工后沉降对比表 4.4-9 可以得出如下结论：

（1）三种方法推算的 3 年内 2-1 区工后沉降最大为 97mm，2-2 区工后沉降最大为 95mm，均满足工后沉降量小于 300mm 的要求，且 2-1 区采用相同计算方法得到的工后沉降大于 2-2 区；

（2）2-1 区差异沉降最大为 2/1000；2-2 区差异沉降最大为 1/1000；均满足差异沉降小于 3/1000 的要求。

4.4.5.4　孔隙水压力和水位的观测

4.4.5.4.1　孔隙水压力监测

孔隙水压力计沿道路中线 50m 间距布设，共布设 6 个，在排水板施工后、堆载开始施工前埋设。2-2 区 3 个孔隙水压力计，分别为 K1、K2、K3，2-1 区 3 个孔隙水压力计，分别为 K4、K5、K6，每个点位中埋设三个孔隙水压力计，试验区孔隙水压力变化如图 4.4-9 所示。

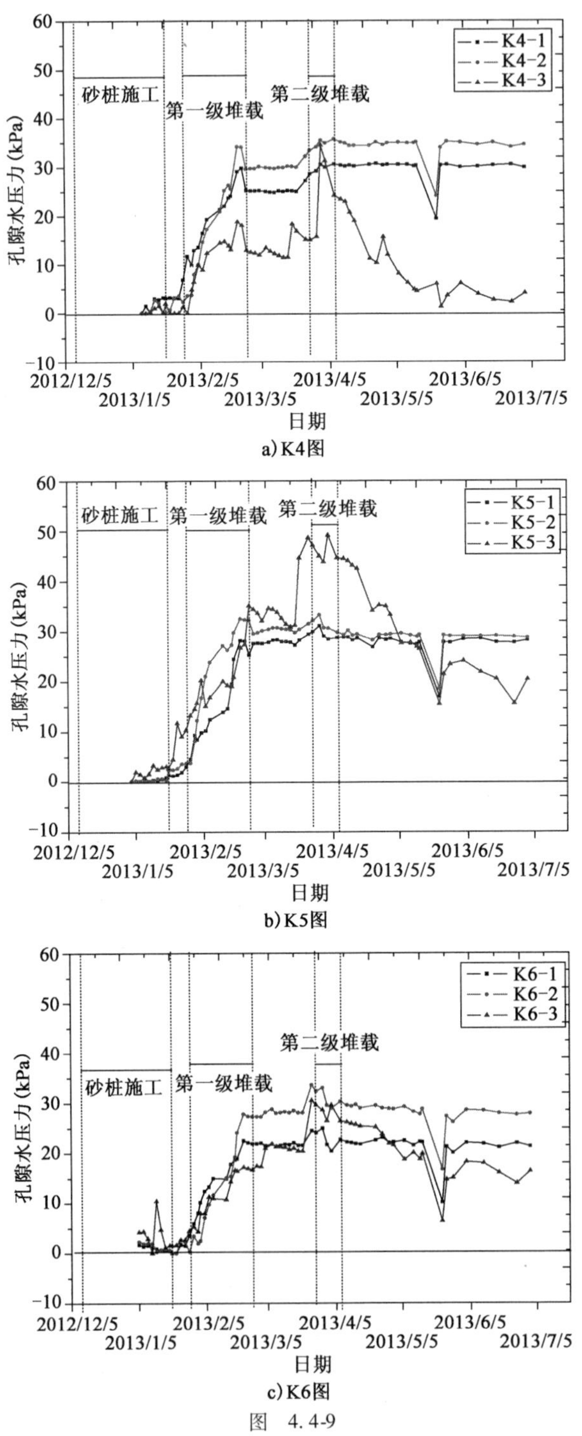

a) K4图

b) K5图

c) K6图

图 4.4-9

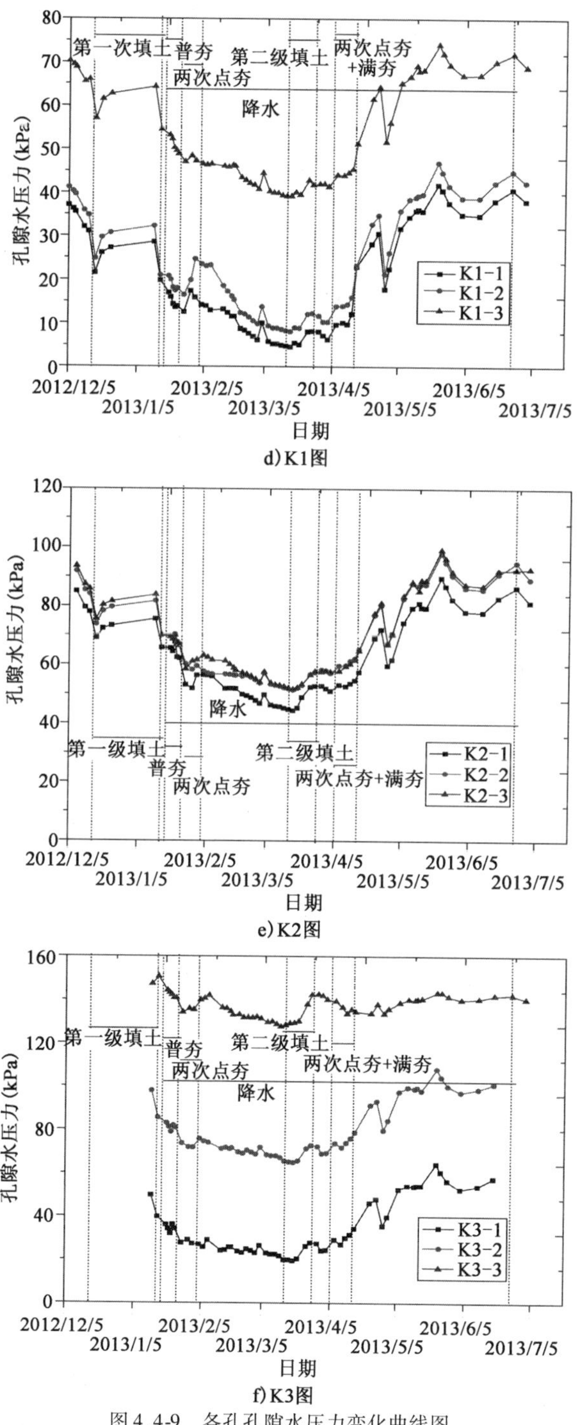

d)K1图

e)K2图

f)K3图

图 4.4-9　各孔孔隙水压力变化曲线图

由孔隙水压力变化图4.4-9可以得出如下结论：

(1) 2-1区在集水井、砂桩施工期间及施工完成初期，有效地降低了地下水位，但水位下降较少，为0.5m左右，使孔隙水压力变化不显著。堆载施工期间，因降雨影响，集水井数量过少，难以及时排除地下水，加之堆载产生正的超孔隙水压力，使总孔隙水压力值有所增加；

(2) 2-2区第一级填土厚度1m，在施工期间产生超孔隙水压力10kPa，堆载施工完成后，逐渐消散。降水强夯期间，因降水作用使地下水位下降2~3m，导致产生的孔隙水压力有所下降。堆载降水强夯期间，受降雨影响，水位持续上升3.5~4m，孔隙水压力上升30~40kPa。可见，监测的孔隙水压力变化与水位变化趋势相同，超孔隙水压力因监测时间间隔较长，表征不显著。

4.4.5.4.2 水位监测

施工过程中全程降水，水位计沿道路中线每隔50m间距布设，共布设6个，在排水板施工后、堆载开始施工前进行埋设。2-2区3个水位孔分别记为SW1、SW2、SW3，2-1区3个水位孔分别记为SW4、SW5、SW6。每个水位孔中埋设三个水位管，其中1号、2号水位管处于吹砂层中；3号水位管埋设较深，位于淤泥层中，其所处地下水位属于深层水，水位变化如图4.4-10所示。

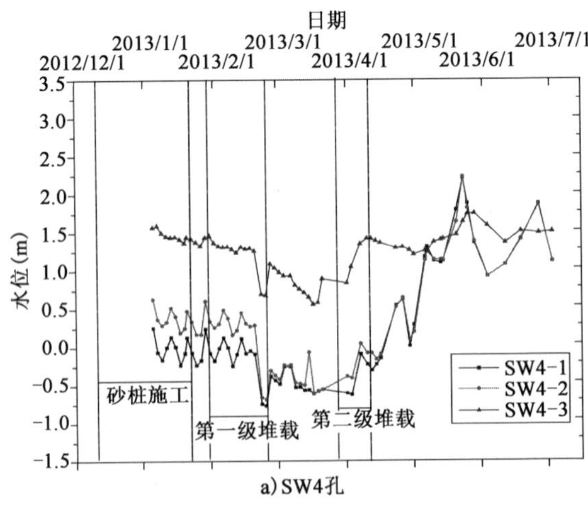

a) SW4孔

图 4.4-10

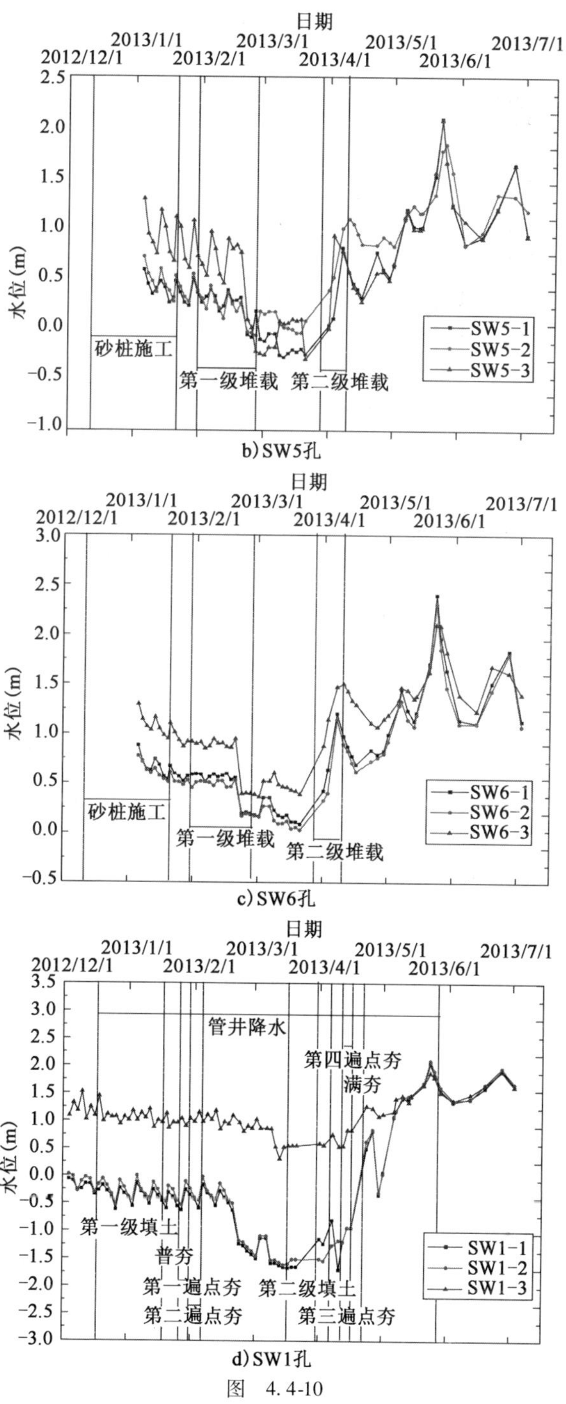

b)SW5孔

c)SW6孔

d)SW1孔

图　4.4-10

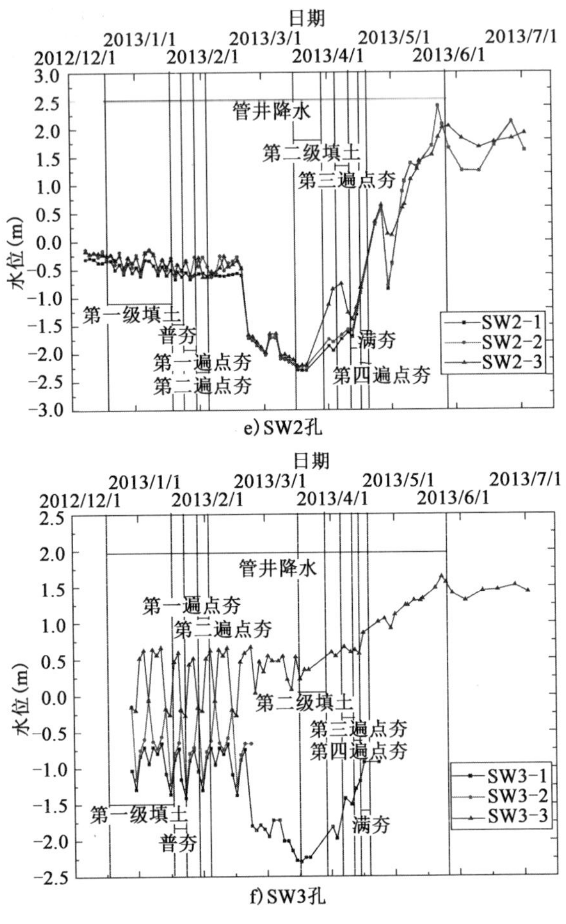

图 4. 4-10　各孔水位变化示意图

由水位变化曲线图 4. 4-10 可得出如下结论：

(1) 2-1 区、2-2 区 3 个水位观测孔中的 1 号、2 号水位管内水位明显低于 3 号水位管，主要原因为 3 号水位管埋设较深，主要受承压水影响；

(2) 2-1 区 1 号、2 号水位管内水位施工期间维持在 ±0. 5 ~ +1m 之间，主要是由于 3 口集水井（底高程为 ±0m）起到一定排水作用，但堆载后期场地水位上升较快，集水井数量及深度不足，降水作用有限；

(3) 2-2 区 1 号、2 号水位计内水位施工期间维持在 -1. 5 ~ -2. 5m 左右，主要是由于采用管井降水方案，人为将场地内水位降低了 2 ~ 3m，在增加约 20 ~ 30kPa 预压荷载的同时，有效排除了淤泥层中的水流。

4.4.5.5　位移观测

4.4.5.5.1　水平位移观测

水平位移边桩在堆载开始前布设，在远离海堤侧堆载坡脚线附近布设 4 个，2-1 区、2-2 区各布设 2 个。边桩采用混凝土制作，断面为 10cm × 10cm，长 100cm，须埋入地面以下 70cm，顶上露出地面为 30cm。主要用于监测地基处理期间场地位移变化情况，防止加载速度过快导致路基失稳。水平位移随时间变化如图 4.4-11 和图 4.4-12 所示。

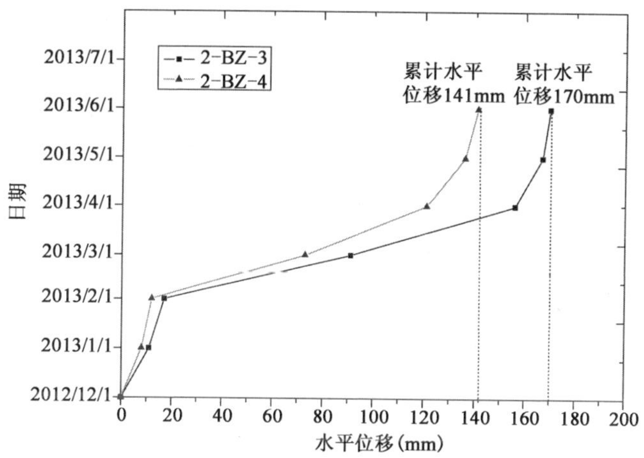

图 4.4-11　2-1 区水平位移随时间变化曲线图

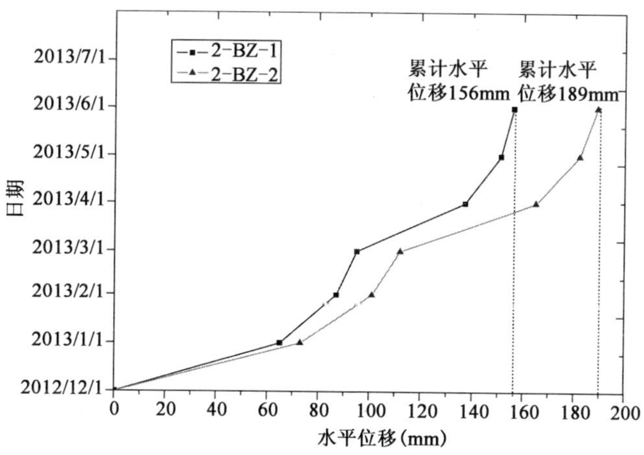

图 4.4-12　2-2 区水平位移随时间变化曲线图

由图4.4-11和图4.4-12的水平位移曲线图可知：

（1）2-1区的2-BZ-3、2-BZ-4偏向场地外侧累计位移分别为170mm、141mm，平均155.5mm；试验2-2区的2-BZ-1、2-BZ-2偏向场地外侧累计位移分别为156mm、189mm，平均172.5mm。考虑2-2分区由于强夯作用，导致水平位移明显大于2-1区；

（2）2-2区最大水平位移速率2.43mm/d，2-1区最大水平位移速率为2.47mm/d，均未超过10mm/d，施工加载速率控制较好。

4.4.5.5.2　深层位移观测

深层水平位移监测点布设在场地中靠海堤侧，自处理边线往外2m距离每隔50m布设，深度穿过④$_1$层淤泥质土不小于3m，2-1区及2-2区各布设3个，2-1区为CX4、CX5、CX6，2-2区为CX1、CX2、CX3。位移与深度变化对比如图4.4-13和图4.4-14所示，数据统计见表4.4-10。

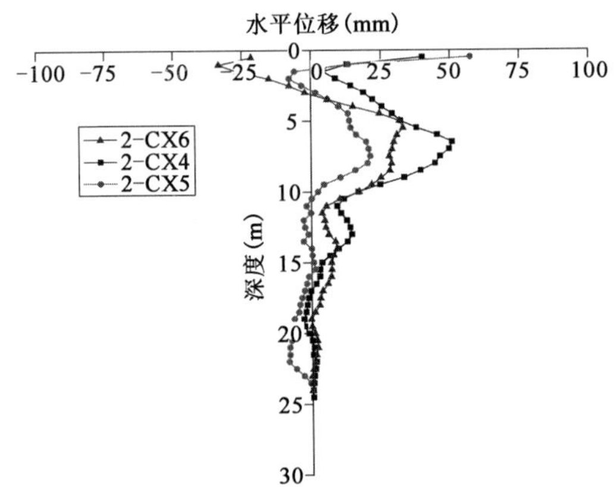

图4.4-13　2-1区深层侧向位移观测示意图

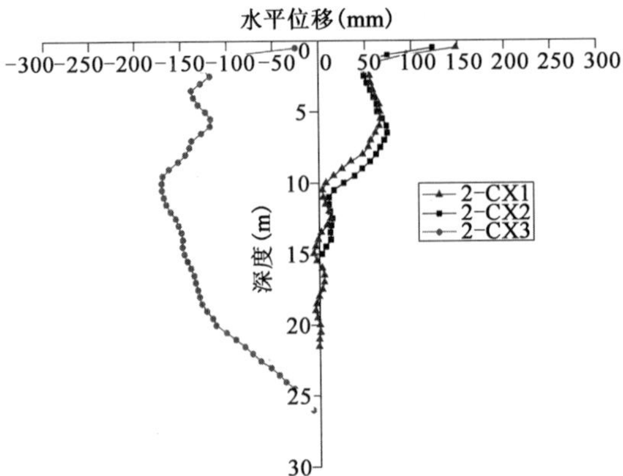

图4.4-14　2-2区深层侧向位移观测示意图

试验二区深层侧向位移统计表　　表 4.4-10

2-CX1			2-CX2			2-CX3		
最大水平位移值（mm）	最大位移处深度（m）	最大深度处累计位移（mm）	最大水平位移值（mm）	最大位移处深度（m）	最大深度处累计位移（mm）	最大水平位移值（mm）	最大位移处深度（m）	最大深度处累计位移（mm）
143.67	0.5	-0.58	123.41	0.5	2.98	-171.07	10.0	-7.24

2-CX4			2-CX5			2-CX6		
最大水平位移值（mm）	最大位移处深度（m）	最大深度处累计位移（mm）	最大水平位移值（mm）	最大位移处深度（m）	最大深度处累计位移（mm）	最大水平位移值（mm）	最大位移处深度（m）	最大深度处累计位移（mm）
50.80	6.5	0.35	57.43	0.5	-0.53	33.11	5.5	0.15

综合图 4.4-13、图 4.4-14 和表 4.4-10 可知：

（1）场地水平位移变化不均匀，2-CX3 水平位移整体背离海堤移动，最大移动 171.07mm，位于原地面深度 10m 处（软土层）；2-CX1、2-CX2、2-CX4、2-CX5、2-CX6 整体向海堤方向移动，在地表最大，最大值 143.67mm，位于埋深 0.5m 位置；

（2）同一深度处，2-2 区的水平位移明显大于 2-1 区，考虑为强夯施工所致。

4.4.5.6　土工试验与原位检测

4.4.5.6.1　土工试验检测

试验二区地基处理前、处理中、处理后物理力学性质指标和改变量见表 4.4-11和表 4.4-12。

2-1 区土工试验数据　　表 4.4-11

试验节点	物理指标						力学指标					
							直接快剪				压缩模量 E_{s1-2}（MPa）	
	含水率（%）		孔隙比		液性指数		内黏聚力 c（kPa）		内摩擦角 φ（°）			
	②$_1$	④$_1$	②$_1$	④$_1$	②$_1$	④$_1$	②$_1$	④$_1$	②$_1$	④$_1$	②$_1$	④$_1$
处理前	51.6	48.2	1.399	1.31	1.04	0.81	8.7	17.2	4	5.8	2.203	3.2
处理中	43.6	30.2	1.199	0.834	1.03	0.73	16.2	23.6	13.2	18.9	3.04	3.738
处理后	42.9	29.4	1.136	0.816	0.95	0.6	17.8	23.5	14.4	17.9	3.18	4.42

2-2 区土工试验数据 表 4.4-12

试验节点	物理指标						力学指标					
							直接快剪				压缩模量 E_{s1-2} (MPa)	
	含水率 (%)		孔隙比		液性指数		内黏聚力 c (kPa)		内摩擦角 φ (°)			
	②$_1$	④$_1$	②$_1$	④$_1$	②$_1$	④$_1$	②$_1$	④$_1$	②$_1$	④$_1$	②$_1$	④$_1$
处理前	53.6	49.6	1.468	1.431	1.075	0.825	8.7	17.2	4	5.8	2.348	2.727
处理中	41.6	30.3	1.138	0.847	0.932	0.641	21.4	26.3	14.4	19	2.89	3.887
处理后	41.9	28.2	1.134	0.801	0.912	0.544	19.37	31.4	14	17.6	3.26	4.463

由土工试验数据表 4.4-11 和表 4.4-12 可得出如下结论：

(1) 2-1 区的②$_1$ 层、④$_1$ 层含水率分别下降 16.9%、39%，相应孔隙比分别降低 18.8%、37.7%，液性指数分别降低 8.65%、25.9%，说明软土层土体抵抗外力能力增强，压缩模量分别提高 44.35%、38.1%；

(2) 2-2 区的②$_1$ 层、④$_1$ 层的含水率分别下降 21.8%、43.2%，孔隙比相应下降 22.8%、44.0%，液性指数分别下降 15.2%、34.1%，压缩模量分别提高 38.4%、63.7%；

(3) 2-2 区相同土层的物理力学参数改善效果好于 2-1 区；

(4) 根据广东省沿海地区淤泥和淤泥质土经验，可知试验二区②$_1$ 层、④$_1$ 层承载力特征值可达 80kPa 以上；

(5) ④$_1$ 层提升幅度明显高于②$_1$ 层，其原因为②$_1$ 层仍处于地下水横向补水通道内，而④$_1$ 层处于②$_1$ 层及上覆夹砂层之下，地下水横向补水微弱，在穿透④$_1$ 层的排水板作用下，其中孔隙水被排至表层砂垫层中，改善效果明显。

4.4.5.6.2　标准贯入试验检测

卸载施工前，试验二区进行了 6 个孔的标贯试验，2-1 区孔号 2-4、2-5、2-6，2-2 区孔号为 2-1、2-2、2-3。根据《公路工程抗震规范》(JTG B02—2013)、《建筑抗震设计规范》(GB 50011—2010) 进行计算，采用《岩土工程勘察规范》(GB 50021—2001) 进行判别。标准贯入试验统计数据见表 4.4-13和表 4.4-14。

由标准贯入试验统计数据对比表 4.4-13 和表 4.4-14 得出如下结论：

(1) 试验二区部分实测标贯击数大于标贯临界值，已消除砂土液化；部分实测标贯击数小于标贯临界值，饱和砂土层在局部轻微液化，满足处理后砂层液化指数不大于8的要求；

2-1区标准贯入试验统计表 表4.4-13

孔号	标贯深度	锤击数	液化判别（公路工程抗震规范）		液化判别（建筑抗震设计规范）		砂土密实判别（岩土工程勘察规范）
			临界值	液化指数	临界值	液化判别	
2-4	3.2	13		0.8		0.87	
	9.2	29	14.77		15.42		中密
	11.2	15	16.77		16.93		稍密
2-5	3.2	7		不液化		不液化	
	7.2	22	12.65		13.5		中密
	9.2	25	14.65		15.3		中密
2-6	3.2	8		0.39		0.64	
	8.2	29	13.64		14.43		中密
	10.2	15	15.64		16.08		稍密

2-2区标准贯入试验统计表 表4.4-14

孔号	标贯深度	锤击数	液化判别（公路工程抗震规范）		液化判别（建筑抗震设计规范）		砂土密实判别（岩土工程勘察规范）
			临界值	液化指数	临界值	液化判别	
2-1	1.2	46		不液化		不液化	
	3.2	35	10.78		10.44		密实
	5.2	19	12.78		13.33		中密
	13	28	20.58		20.05		中密
2-2	3.2	26		3.7		4.03	
	5.2	19	10.68		11.31		中密
	7.2	14	12.68		13.53		稍密
	9.2	10	14.68		15.33		松散
2-3	3.2	25		1.89		2.77	
	5.2	21	10.52		11.16		中密
	7.2	11	12.52		13.38		稍密
	9.2	24	14.52		15.18		中密

（2）2-1区最大液化指数分别为0.8、0.87，2-2区最大液化指数分别为3.7、4.03，挤密砂石桩方案处理砂层取得很好的效果；

(3) 地表以下3m处2-2区标贯击数平均为29击，2-1区平均为9击，强夯对浅层砂层的处理效果显著。

4.4.5.6.3 静力触探检测

试验二区在地基处理前后进行静力触探原位测试试验，两次试验点位相同，试验前后检测结果如图4.4-14所示，各试验区锥尖阻力统计数据如表4.4-15和表4.4-16所示。

2-2区锥尖阻力 表4.4-15

点位	土层	工前(MPa)	工中(MPa)	工后(MPa)	工后改变率(%)
JT2-1	①$_1$	3.86	12.81	13.02	237
	②$_1$	0.39	0.9	0.95	144
	④$_1$	0.79	0.91	1.025	30
JT2-2	①$_1$	5.66	13	13.76	143
	②$_1$	0.454	0.803	0.804	77
	④$_1$	0.785	0.89	0.97	24
JT2-3	①$_1$	4.79	9.17	9.23	93
	②$_1$	0.53	0.78	0.781	47
	④$_1$	0.81	0.94	0.91	12
JT2-4	①$_1$	2.58	10.17	12.32	378
	②$_1$	0.53	0.81	0.8	51
	④$_1$	0.802	0.85	0.89	11
JT2-5	①$_1$	3.6	13.4	15	317
	②$_1$	0.488	0.75	0.83	70
	④$_1$	0.82	0.89	0.94	15
JT2-6	①$_1$	4.82	13.3	15.5	222
	②$_1$	0.51	0.75	0.79	55
	④$_1$	0.76	0.804	0.84	11
平均	①$_1$	4.22	11.69	13.14	211
	②$_1$	0.48	0.82	0.83	71
	④$_1$	0.79	0.88	0.93	17

根据静力触探锥尖阻力数据表4.4-15和表4.4-16可得出如下结论：

(1) 2-1区工后①$_1$层平均为11.68MPa，平均提高225%，②$_1$层平均为0.77MPa，平均提高72%，④$_1$层平均为1.01MPa，提高20%；

2-1 区 锥 尖 阻 力　　表 4. 4-16

点　位	土　层	工前（MPa）	工中（MPa）	工后（MPa）	工后改变率（%）
JT2-7	①$_1$	3. 97	9. 97	11. 25	183
	②$_1$	0. 3	0. 533	0. 61	103
	④$_1$	0. 97	1. 04	1. 11	14
JT2-8	①$_1$	2. 81	9. 32	9. 54	240
	②$_1$	0. 36	0. 74	0. 78	117
	④$_1$	0. 64	0. 75	0. 78	22
JT2-9	①$_1$	3. 26	10. 6	11. 2	244
	②$_1$	0. 53	0. 72	0. 76	43
	④$_1$	0. 998	1. 02	1. 11	11
JT2-10	①$_1$	4. 22	13. 26	13. 57	222
	②$_1$	0. 52	0. 74	0. 84	62
	④$_1$	0. 76	0. 82	0. 89	17
JT2-11	①$_1$	4. 54	14. 2	14. 4	217
	②$_1$	0. 455	0. 69	0. 77	69
	④$_1$	0. 91	0. 98	1. 06	16
JT2-12	①$_1$	2. 79	9. 84	10. 12	263
	②$_1$	0. 52	0. 65	0. 85	63
	④$_1$	0. 78	1. 08	1. 1	41
平均	①$_1$	3. 6	11. 2	11. 68	225
	②$_1$	0. 45	0. 68	0. 77	72
	④$_1$	0. 84	0. 97	1. 01	20

（2）2-2 区工后①$_1$ 层回填砂层平均为 13. 14MPa，平均提高 211%，②$_1$ 层淤泥层平均为 0. 83MPa，平均提高 71%，④$_1$ 层平均为 0. 93MPa，提高 17%；

（3）④$_1$ 层作为下卧淤泥层，其物理力学性能较②$_1$ 层要好得多；

（4）根据静力触探确定地基承载力经验公式，试验二区①$_1$ 层承载力特征值均达 200kPa 以上；②$_1$ 层承载力特征值均达 70kPa 以上。

4. 4. 5. 6. 4　十字板剪切试验检测

试验二区在排水板施工前及场地平整碾压施工前，由检测单位分别在软土层中进行十字板剪切试验。两次十字板试验在处理前、后的场地上点位相同，分别统计处理前后软土层中十字板抗剪强度指标，如表4.4-17所示。

试验二区十字板剪切强度 表4.4-17

区号	土层	排水板施工前（kPa）	场地平整碾压施工前（kPa）	增长百分比（%）
2-1	②$_1$	20.1	28.3	40.9
	④$_1$	23.6	31.4	33.1
2-2	②$_1$	19.05	24.8	30.0
	④$_1$	28.7	30.2	21.8

由十字板剪切试验表4.4-17可得出如下结论：

（1）2-1区经过处理后，②$_1$层十字板平均剪切强度从20.1kPa提高至28.3kPa，提高幅度为40.9%；④$_1$层十字板平均剪切强度从23.6kPa提高至31.4kPa，提高幅度为33.1%，软土层强度得到有效提高；

（2）2-2区经过处理后，②$_1$层十字板平均剪切强度从19.05kPa提高至24.8kPa，提高幅度为30%；④$_1$层十字板平均剪切强度从28.7kPa提高至30.2kPa，提高幅度为21.8%，软土层强度得到有效提高。

4.4.5.6.5 荷载试验检测

试验二区每个小区分别布设2个荷载试验点，2-1区为3#、4#荷载板，2-2区为1#、2#荷载板。荷载板沿场地中线布设，承载板面积1m×1m。荷载试验*P—s*曲线见图4.4-15。

由荷载板试验*P—s*曲线可得出结论：

（1）试验二区4个点加载到240kPa时，*P—s*曲线仍处于直线阶段，说明处理后场地极限承载力大于240kPa，则承载力特征值均不小于120kPa。

（2）根据试验资料1#、2#、3#、4#四个点的变形模量按公式计算分别为31.83MPa、28.71MPa、9.05MPa、23.09MPa，相应的压缩模量分别为33.2MPa、29.81MPa、8.37MPa、23.68MPa。1#、2#点所在2-2区的表层强度远高于3#、4#点所在的2-1区。

4.4.6 试验结果分析

（1）2-1区7个表层沉降监测点恒载后期沉降速率最大为0.17mm/d，2-2区7个表层沉降监测点恒载后期沉降速率最大为0.14mm/d，沉降已稳定；2-1区平均沉降量为697mm，2-2区为732mm，2-2区大于2-1区9%；

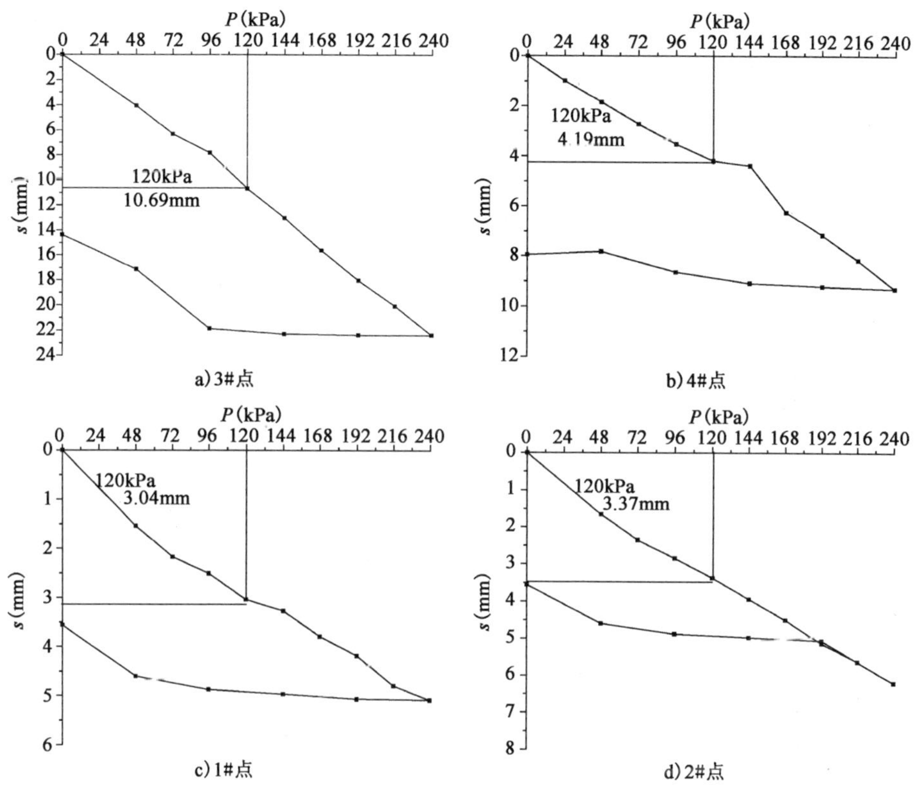

图4.4-15　试验二区荷载试验 $P—s$ 曲线图

（2）2-1区、2-2区排水板施工期间沉降量分别为170mm、220mm，分别占总沉降量的24%、30%；2-2区比2-1区排水板施工沉降量大29%；

（3）随着上部作用荷载逐渐增大，不同静动荷载组合作用阶段沉降量呈现先增大再减小的趋势。在降水预压、第一级填土荷载与第一次强夯动力荷载作用下，平均沉降量为415mm，占监测沉降量56.7%；在降水预压、第一级填土、第二级填土静力荷载与第二次强夯动力荷载作用下，平均沉降量为97mm，占监测沉降量13.3%；

（4）三种方法推算的3年内2-1区、2-2区工后沉降量均小于30cm，满足工后沉降的要求；2-1区差异沉降最大为2/1000；2-2区差异沉降最大为1/1000，均满足差异沉降小于3/1000的要求；

（5）2-1区、2-2区②$_1$层淤泥压缩率平均值分别为1.54%、2.18%，④$_1$层淤泥压缩率平均值分别0.64%、1.15%，2-2区与2-1区相比，2-1区同一淤泥层的压缩率平均值更大；

(6) 2-1 区、2-2 区有效施工时间分别为 174d、141d；2-2 区采用的处理方案有效施工工期比 2-1 区短 23%；

(7) 2-1 区 3 口集水井起到一定排水作用，但堆载后期场地水位上升较快，集水井数量及深度不足，降水作用有限；2-2 区由于采用管井降水方案，人为将场地内水位降低了 2 ~ 3m，在增加约 20 ~ 30kPa 预压荷载的同时，有效排除了淤泥层中的水流；

(8) 根据广东省沿海地区淤泥和淤泥质土施工检测经验，可知试验二区$②_1$ 层、$④_1$ 层承载力特征值可达 80kPa 以上；2-2 区相同土层的物理力学参数改善效果好于 2-1 区，且$④_1$ 层提升幅度明显高于$②_1$ 层；

(9) 试验二区经液化判别，满足处理后砂层液化指数不大于 8 的要求；2-1 区最大液化指数分别为 0. 8、0. 87，2-2 区最大液化指数分别为 3. 7、4. 03，挤密砂石桩方案处理砂层取得很好的效果；地表以下 3m 处 2-2 区标贯击数平均为 29 击，2-1 区平均为 9 击，强夯对浅层砂层的处理效果显著；

(10) 2-1 区、2-2 区处理后的锥尖阻力相差不大，且$④_1$ 层作为下卧淤泥层，其物理力学性能较$②_1$ 层要好得多；2-2 区$①_1$ 层承载力特征值均达 200kPa 以上；$②_1$ 层承载力特征值均达 70kPa 以上；

(11) 试验二区经过处理后，2-1 区$②_1$剪切强度提升 40. 9%，$④_1$层软土剪切强度提升 33. 1%；2-2 区$②_1$剪切强度提升 30%，$④_1$层软土剪切强度提升 21. 8%，软土的剪切强度提高明显；

(12) 由平板荷载试验曲线表明，处理后场地极限承载力大于 240kPa，则承载力特征值均不小于 120kPa，满足交工面的地基承载力特征值的要求；1#、2#点所在 2-2 区的压缩模量远高于 3#、4#点所在的 2-1 区，说明试验 2-2区处理效果好于试验 2-1 区。

4.5 本章小结

通过在同一场地对“塑料排水板 + 集水井 + 挤密砂桩 + 堆载”法和“吹填堆载降水预压强夯联合法”进行现场对比试验得到如下结论：

(1)“塑料排水板 + 集水井 + 挤密砂桩 + 堆载”法和“吹填堆载降水预压强夯联合法”两种方法适用于泥砂互层的吹填场地，都能满足工后沉降、承载力和差异沉降的要求；

(2)“吹填堆载降水预压强夯联合法”有效施工工期 141d，“塑料排水板 + 集水井 + 挤密砂桩 + 堆载”法有效施工工期 174d，“吹填堆载降水预压强夯联合法”处理工期比“塑料排水板 + 集水井 + 挤密砂桩 + 堆载”法的工期缩短 33d，有效施工时间为扣除由恶劣天气、材料短缺等客观因素造成的延误时间后的施工时间；

(3) 综合试验区的处理效果可知，2-2 区表层沉降量（平均为 732mm）比 2-1 区（平均为 697mm）大 9%，工后沉降比 2-1 区小 2% ~ 15%，差异沉降（1/1000）小于 2-1 区（2/1000），物理力学性质指标改善效果好于2-1区，锥尖阻力工后改变率（20% ~ 225%）大于 2-1 区（17% ~ 211%），可见，2-2 区的整体处理效果好于 2-1 区，“吹填堆载降水预压强夯联合法”比“塑料排水板 + 集水井 + 挤密砂桩 + 堆载”法更适合处理“泥砂互层”吹填场地；

(4) 针对表层厚砂、泥砂互层场地，提出利用砂层作为表层水平排水通道的吹填堆载降水预压强夯联合法。根据渗透性差异设计不同排水板间距、管井间距、强夯等参数，并通过现场试验验证了设计方案和施工工艺的合理性；

(5) 2-1 区、2-2 区场地面积均为 10500m^2，采用“吹填堆载降水预压强夯联合法”比“塑料排水板 + 集水井 + 挤密砂桩 + 堆载”法概算单价少，且由于节省约一个月工期，减少了管理成本。

第5章 短程超载真空预压动力排水固结联合技术

5.1 引 言

短程超载真空预压动力排水固结联合技术为静动荷载叠加的排水固结技术，采用静力排水固结技术与动力排水固结技术的不同状态和节点组合，可处理表层薄砂、下伏厚泥的新近未固结或欠固结吹填场地。本章结合福建福安市鑫茂冷轧硅钢有限公司新厂区吹填场地软土地基处理工程，通过现场试验，研究短程超载真空预压动力排水固结联合技术对处理厚层淤泥类吹填场地的适用性，分析排水固结沉降同荷载压力的关系与变化，并对该方法的设计参数和施工工艺进行优化，为今后类似工程设计提供依据。

5.2 技术原理

如图5.2-1所示，短程超载真空预压动力排水固结技术的机理是利用人工形成的水平排水体和竖向排水体在真空负压（$-p_0$）的作用下使软土产生初步的排水固结；然后在真空膜上回填土（p_1）（注：厚度相当于该场地使用荷载下的计算沉降量与填土的压缩沉降量之和，如场地高程不足时还应加上高程差厚度与其压缩沉降厚度），实施真空—堆载联合预压的排水固结（p_0+p_1）；当软土达到一定固结度后再实施振动碾压或动力击密（p_2），对下伏软土层形成超大荷载的静动力相结合的组合排水固结（$p_0+p_1+p_2$）；并在冲击动力的后效应力和堆载压力下继续进行排水固结。从而在很短时间内完成软土层的固结沉降，填土层迅速成为超固结硬壳层而同时满足工后沉降与承载力的要求。

短程超载真空预压动力排水固结法如图5.2-2所示。由图5.2-2可以看出，当采用常规真空预压单一工艺处理场地，其将在 t_0 时刻沉降趋于稳定，对应达到累计沉降 S_0；当采用真空预压联合堆载预压处理场地，其将在 t_1 时刻沉降趋于稳定，对应达到累计沉降量 S_1；当采用短程超载真空预压动力排水固结联合法处理场地，其将在 t_2 时刻沉降趋于稳定，对应达到累计沉降量 S_2；S—t 曲线反映各工法沉降稳定时间与累计沉降量有以下关系：$t_0 > t_1 > t_2$，$S_0 < S_1 < S_2$（图中比例为示意图，不具有代表性），说明短程超载真空预压动力排水固结联合法在工期和施工沉降量方面均有优势。

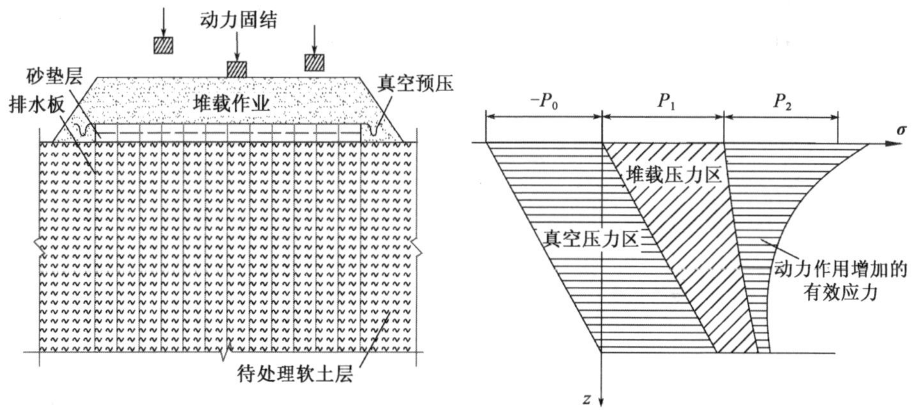

图 5.2-1　短程超载真空预压动力排水固结原理图

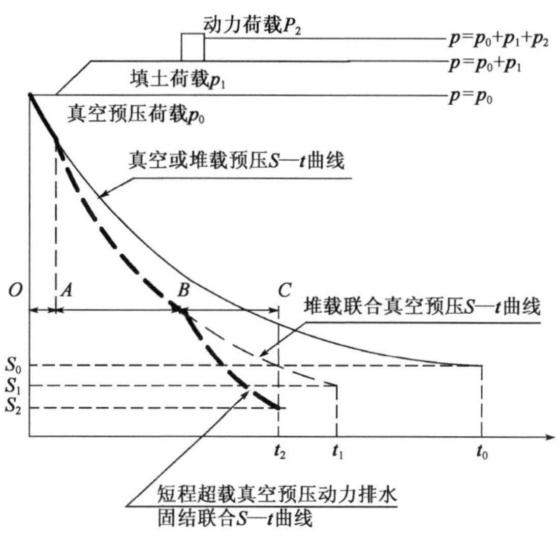

图 5.2-2　短程超载真空预压动力排水固结联合法 S—t 曲线

5.3 设计思路和设计原则

短程超载真空预压动力排水固结技术在吹填软土地基加固时遵循以下设计思路和设计原则：

（1）首先对处理场地进行详细勘察，在此基础上根据设计荷载对处理场地进行沉降计算，根据计算沉降量进行分区地基处理参数设计。

（2）根据土层性质设置软土的竖向与水平排水通道。

排水竖向通道采用塑料排水板，排水板间距根据井径比和计算沉降量确定。根据《建筑地基处理技术规范》（JGJ 79—2013），塑料排水带井径比 $n = 15 \sim 22$。当计算沉降量大时 n 取小值，反之取大值。

塑料排水板打设深度宜穿透软土层，但不应进入下卧透水层。当软土层较厚，且以地基抗滑稳定性控制的工程时，竖向排水通道的深度不应小于最危险滑动面下 2.0m。对于以变形控制的工程，竖向排水板深度应根据在限定的预压时间内完成的变形量确定，且宜穿透主要受压土层。

水平排水通道：按真空预压操作规程规定选择砂垫层，如果缺少砂料，也可以铺设水平排水管代替水平砂垫层。

（3）在水平排水体上铺设真空预压系统，在真空泵抽气作用下于密封膜内外产生气压差，该气压差成为施加于软土层上的荷载，使竖向排水体中的孔压迅速降低，与周围土体中的孔压产生差值，促使软土中的超孔隙水压力消散而固结；同时在抽气排水产生的地下水位下降过程中，水位以上土体的自重压力加大与真空负压叠加而加速了压力差排水固结，当真空负压抽水水位降到极限深度（一般为 6m）后，这种叠加作用力不再增大，真空预压过程中往往初期沉降速率较小，然后不断增大再转向减小的变化趋势正是由此引起的。因此，要求真空预压的膜下真空度稳定在 85kPa 以上，且应均匀分布。

（4）在真空预压的膜下压力稳定后，在真空膜上填土加载进行真空 + 堆载联合预压（$p_0 + p_1$），使堆载压力与真空负压叠加而加快孔隙水沿竖向排水体方向迅速排出。p_1 为该场地使用荷载与填土荷载之和，如场地高程不足时还应加上高程差厚度与其压缩沉降厚度。

（5）在联合预压过程中采用振动碾压或动力冲击波进行与静力排水固

结相叠加的动力排水固结，即在真空 + 堆载联合预压 + 动力预压荷载作用下加快厚软土层的排水固结（$p_0 + p_1 + p_2$）。利用动力荷载大的冲击能来激发较高的孔隙水压力，在静动荷载作用力下孔压消散固结，使土的强度提高；同时动力作用产生的振动波和冲击波可对软土产生压密与剪切作用，促使竖向排水体的加速排水固结。

动力加荷载采用“轻夯多遍”的工艺方式进行，在场地表面形成“硬壳层”，保证地基承载力和工后沉降的要求。强夯的设计参数（包括夯点的设置，夯击能的选择，夯击次数和每遍点夯之间、点夯与满夯之间的间隔时间）根据吹填土类型（吹填土含水率、粒径、强度等）、地下水位埋深确定。

5.4 现场试验

5.4.1 工程概况

福建福安市鑫茂冷轧硅钢有限公司新厂区吹填场地软土地基处理工程场地原为海水养殖场，为滨海冲积形成。场地下有 15 ~ 22m 厚的淤泥及淤泥质土。为满足冷轧硅钢厂流水线的不均匀沉降要求和使用荷载的要求，原计划采用预应力管桩，但因桩长达 50 ~ 60m，地层内夹有花岗岩浮石，桩基施工难以进行。在认真分析地基土条件、设计高程及使用荷载要求后，提出采用短程超载真空预压动力排水固结联合法处理表层薄吹填砂、下伏厚层淤泥的吹填场地。

5.4.1.1 工程地质条件

试验场地地层分布剖面见图 5.4-1，地层特性见表 5.4-1。

本场地 0 ~ 30m 内为高压缩性软土，尤其是②层淤泥为渗透性极差（渗透系数 k 在 $2.15 \times 10^{-7} \sim 2.47 \times 10^{-7}$cm/s 范围内）、承载力极低的高压缩性软土。0 ~ 10m 内②层淤泥的 P_s 值平均为 0.14MPa，十字板剪切强度 $C_u <$ 15kPa。场地大都为海水养殖场吹填砂而成，地下水位近于地表。

5.4.1.2 场地地形地貌条件

场地东侧为花岗岩斜坡，南侧为海水养殖场，西侧为白马港海堤，北侧为已建加工厂，地面高程为 +1.0 ~ +2.0m，高差不大。因东面连接花岗岩山地，由东往西地面下分布着不同直径花岗岩块石。

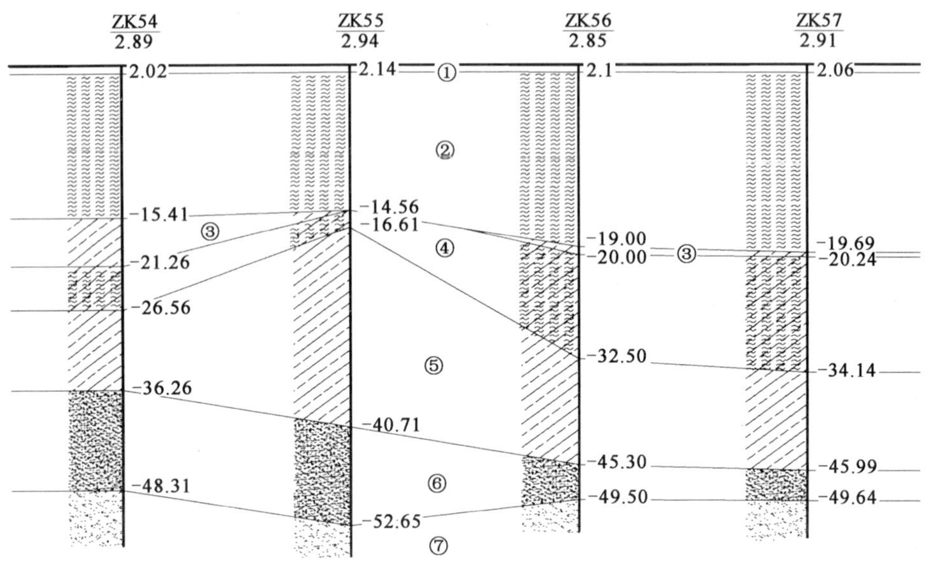

图 5.4-1 地层分布剖面图

试验区地层特性 表 5.4-1

土 名	厚度(m)	w (%)	e	I_p	I_L	α_{1-2} (MPa)	E_{s1-2} (MPa)	f_{ak} (kPa)
①局部素填土	0.9～1.1							70～80
②淤泥	12.3～26.8(平均15.68)	69.65	1.767	22.3	1.726	1.618	1.03～2.0(平均1.43)	45
③黏土	0.7～2.3	36.50	1.01	22.1	0.44	0.405	4.00	80
④粉质黏土	0～11.90(平均4.68)	28.90	0.845	13.7	0.38	0.242	5.87	120
⑤淤泥质土	0～17.70	48.10	1.184	21.60	0.81	0.636	2.6～4.8	60

5.4.2 试验目的

本试验的试验目的如下：

(1) 验证短程超载真空预压动力排水固结联合法是否适用于表层厚淤泥吹填场地，是否可实现工后沉降≤25cm、地基承载力f_{ak}≥120kPa、厂坪堆载区使用荷载100kPa、地基处理影响深度≥10m，有效深度5～6m的技术指标；

(2) 明确该项目软基处理参数设计方法、施工工艺，分析实测沉降量与计算沉降量大小关系、场地沉降特征，并对施工工艺组合进行优化讨论，为类似吹填场地地基处理提供借鉴依据。

5.4.3　方案设计

5.4.3.1　场地沉降计算

计算参数选择：填土重度 18kN/m^3，填土厚度为回填至设计高程(+5.5m)加预压沉降量，②层淤泥、③层黏土、⑤层淤泥质土的压缩模量分别取 1.43MPa、4.0MPa、5.87MPa，按国家与福建省规范，②层淤泥经验修正系数取 1.4。27 个钻孔沉降量见表 5.4-2。

各孔沉降量计算表　　表 5.4-2

孔号	41	43	45	47	49	50	51	52	53
沉降量（mm）	2297.9	2289.1	2289.1	2294.6	1618.1	1656.6	1670.9	1620.3	1621.4
孔号	55	57	59	61	63	64	65	66	67
沉降量（mm）	2173.6	2271.5	2272.6	2296.8	1576.3	1623.6	1713.8	1497.1	1571.9
孔号	69	71	73	75	77	78	79	80	81
沉降量（mm）	2071.3	2192.3	1938.2	1828.2	1672.0	1771.0	1822.7	1521.3	1575.2

5.4.3.2　场地工程条件分析

（1）场地软土层厚度大且全场地分布，平均厚度为 26.17m，最大厚度达 34.3m，在未来填土荷载和使用荷载作用下会产生平均达 1.9m 以上的总沉降量，并有 0.5m 以上的差异沉降；

（2）场地设计高程为 +5.5m，地面高程为 +1.0 ~ +2.0m，未来填土厚度为 3.5 ~4.5m，一方面对下伏淤泥有 63 ~81kPa 的附加荷载而使之产生较大的压缩沉降，但经压实处理后又可成为良好的人工地基，如何合理认知填土的双重特性是本场地地基处理的一个技术节点；

（3）②层淤泥为力学强度低、压缩性高、渗透性差的超软土，采用何种工艺使之快速固结是本场地地基处理的重点；

（4）场地东侧为山地，有就近取土回填场地达设计高程的土体条件，如何将厚度 3.5 ~4.5m 的填土变为超固结硬壳层而使轻质厂房不打桩即可满足要求，是场地地基处理的难点。

5.4.3.3　排水体设计

地基处理深度的确定：②层淤泥和③层黏土之下为④层粉质黏土，其平均厚度为4.68m，$E_{s1\sim2}>5.87$MPa，$f_{ak}>120$kPa，100kPa的使用荷载在大于4m厚度的人工填土硬壳层应力扩散作用下，具有足够抵抗上覆荷载的压缩能力，因此以②层淤泥底板埋深为拟处理深度。

（1）竖向排水体设计

根据试验场地淤泥及淤泥质土厚度差异，将场地明显分为东西区，东区厚度为14~18m，西区为20~22m。设东区塑料排水板长度平均为16m，西区平均长度为22m，排水板的间距为1.1m×1.1m正方形布设；东西区过渡带排水板长度逐渐过渡。塑料排水板型号则采用适用深度为15~25m的SPB型。

（2）水平排水体设计

按真空预压操作规程规定，水平排水层采用含泥量小于3%的中粗砂，厚度不小于0.5m。根据场地供应中粗砂较困难的条件，采用0.6~0.7m厚的含泥量小于3%的细砂。砂垫层的水平排水管采用ϕ50mm的滤管，以适应预压产生的大幅度沉降而确保水平排水。

5.4.3.4 真空预压设计

为确保真空膜下的真空度和后期堆载的安全性，水平砂垫层上采用一布、二膜、一布的覆盖密封方案。真空预压区分为东西两个区，真空泵按800m^2/台面积布设，要求膜下试抽真空7d内达到630mmHg真空度(80kPa)，然后逐渐提高到85~88kPa且稳压一段时间，待地表监测沉降量达平均计算量的50%以上时停止抽气。

5.4.3.5 填土堆载预压设计

填土堆载时间要求在真空预压膜下压力稳定后进行。首层填土厚度为1.5m，不得含碎石和块石，上层为含碎石山坡土。

堆载填土厚度为场地设计高程差+计算沉降量，预计东区为5.0m，西区为5.5m。填土达设计高度后的堆载预压恒压时间为50~60d。

5.4.3.6 强夯设计

（1）强夯的目的

①通过变能量强夯使总厚度达5.7~6.2m的“砂垫层+两级堆载填土”成为高强度的硬壳层，作为人工地基使用；

②通过多遍强夯，使冲击压缩波沿塑料排水板的“水柱”向下传递，

促使软土在高压力差下加速排水固结和沉降。

（2）强夯参数

采用二遍点夯和一遍满夯。

点夯：夯点间距为 4.5m，正方形布设，隔点跳打；点夯夯击能为 2200kN·m，每点夯击数为 7～8 击，点夯收锤标准为后两击夯沉量小于 5cm。

满夯：夯击能为 1000kN·m；每点击数为 2 击，1/4 锤印搭接。

5.4.4 施工工艺

5.4.4.1 工艺流程

福建福安市鑫茂冷轧硅钢有限公司新厂区吹填场地软土地基处理工程的工艺流程如图 5.4-2 所示。

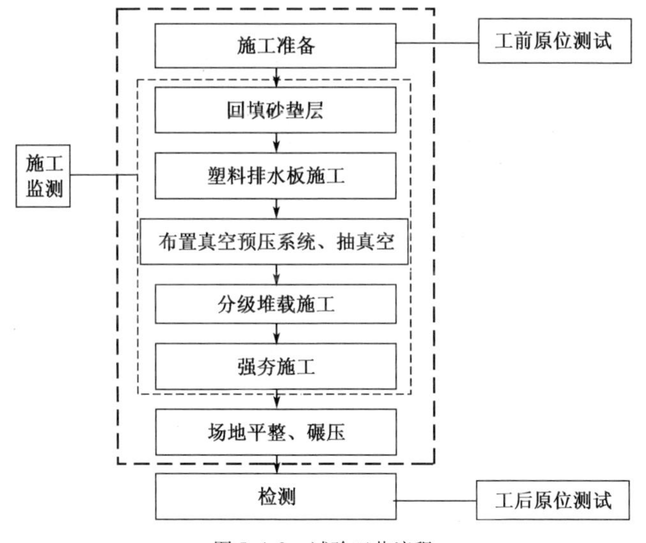

图 5.4-2　试验工艺流程

5.4.4.2 现场施工

现场试验施工分为东西两个区。西区为一区，面积为 28650m^2，东区为二区，面积为 29632m^2。一、二区现场施工见图 5.4-3。

一区施工过程：单一真空预压前先试抽 7d，真空预压力稳定后连续抽真空至 80d；第 81 天开始吹填 2m 厚砂层形成低位超载真空预压至第 110 天；第 111 天停止真空预压开始二次填土至设计高程，历时 23d；第 134 天至第 215 天堆载预压；第 216 天开始强夯，至 240d 强夯完成。此后分别间隔 53d、60d 观测强夯残余应力产生的沉降量。

a）插打排水板

b）真空超载预压

c）强夯

d）振动碾压

图 5.4-3　一、二区现场施工

二区施工过程：单一真空预压前先试抽 7d，真空预压力稳定后连续抽真空至 90d；第 81 天开始填土施工，第 90 天因填土块石破坏真空膜而被迫停止真空预压，而填土继续进行直达到设计高程；第 100 天开始堆载预压到第 136 天；第 137 天开始强夯，至 190d 强夯完成。此后分别间隔 60d、93d 观测强夯残余应力产生的沉降量。

5.5　施工监测与检测

5.5.1　监测与检测方案

为保证试验数据完整、施工质量可控、方案调整及时有效，对施工全过程进行监测。本试验重点监测表层沉降。表层沉降观测点位共计 18 个，东西向 10 个，南北向东西区各一排 4 个，具体沉降点点位平面布置如图 5. 5-1 所示。

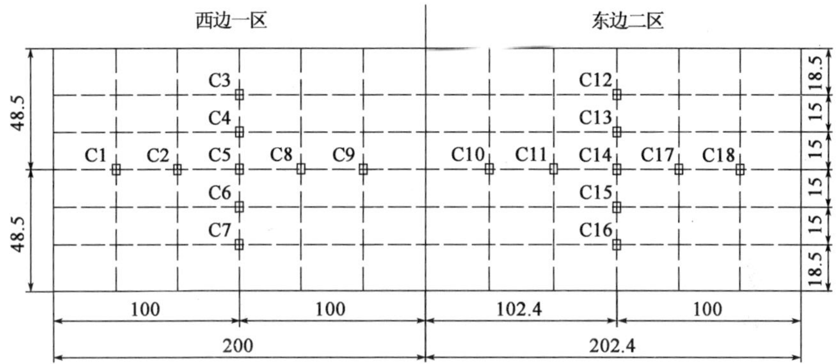

图 5. 5-1　沉降观测点位布置图（尺寸单位：m）

5. 5. 2　沉降分析

5. 5. 2. 1　表层沉降分析

图 5. 5-2 和图 5. 5-3 分别为真空预压至强夯完成期间一、二区场地位移观测点沉降过程曲线，沉降曲线形态反映了不同预压阶段的情况。表 5. 5-1 为插板至工后检测期间不同施工阶段的施工场地沉降量。

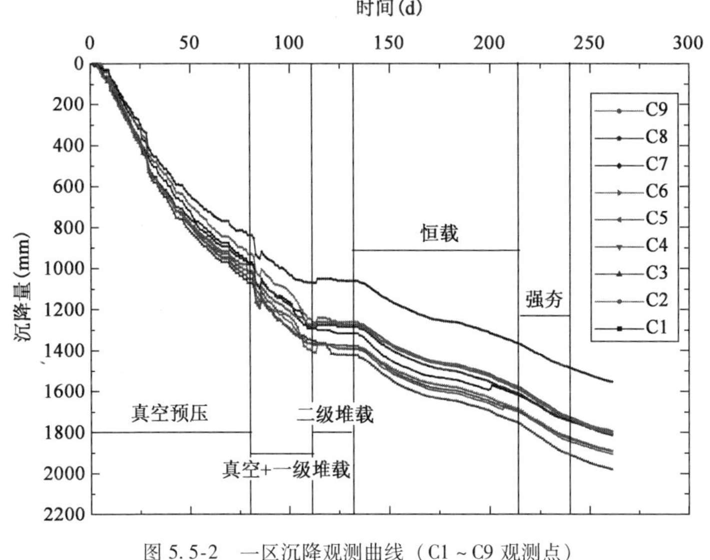

图 5. 5-2　一区沉降观测曲线（C1 ~ C9 观测点）

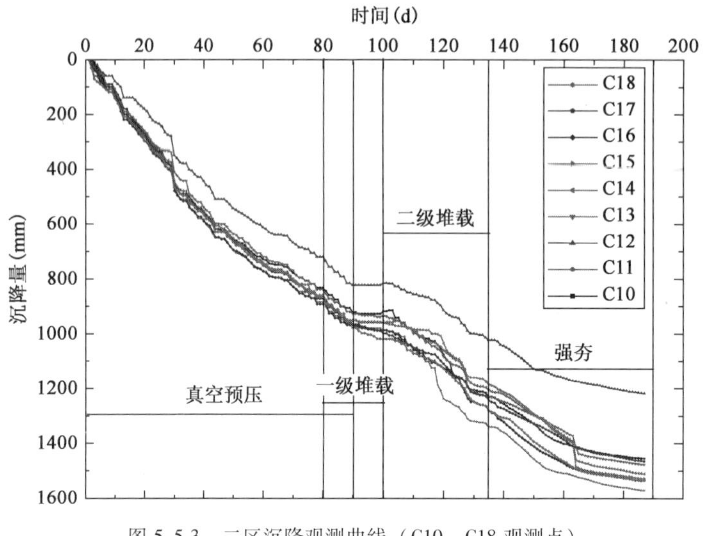

图 5.5-3　二区沉降观测曲线（C10～C18 观测点）

各阶段施工场地平均沉降量（单位：mm）　　表 5.5-1

<table>
<tr><th>区名</th><th>插板</th><th>真空预压</th><th>真空预压＋一级堆载</th><th>一级堆载</th><th>一级堆载恒载＋二级堆载</th><th>一级＋二级堆载恒载</th><th>堆载恒载＋强夯施工</th><th>强夯后残余应力1</th><th>强夯后残余应力2</th><th>总计</th><th>工后</th></tr>
<tr><td rowspan="2">一</td><td rowspan="2">380</td><td>991.89</td><td>299.78</td><td>0</td><td>17.22</td><td>318.56</td><td>132.44</td><td rowspan="2">486.00</td><td rowspan="2">114.00</td><td rowspan="2">2739.89</td><td rowspan="2">90.00</td></tr>
<tr><td colspan="6">1759.89</td></tr>
<tr><td rowspan="2">二</td><td rowspan="2">310</td><td>849.11</td><td>91.44</td><td>13.56</td><td>273.89</td><td>0</td><td>249.89</td><td rowspan="2">315.00</td><td rowspan="2">294.00</td><td rowspan="2">2396.89</td><td rowspan="2">72.00</td></tr>
<tr><td colspan="6">1477.89</td></tr>
</table>

（1）沉降曲线过程分析

由图 5.5-2 和表 5.5-1 可知，一区监测施工总沉降量平均为 1759.89mm，真空预压期间的沉降量为 991.59mm，占总沉降量的 56.36%；真空堆载联合预压期间的沉降量为 299.78mm，占总沉降量的 17.03%；堆载期间的沉降量为 33.578mm，占总沉降量的 19.08%；堆载联合强夯施工期间的沉降量为 132.44mm，占总沉降量的 7.53%。

由图 5.5-3 和表 5.5-1 可知，二区监测施工总沉降量平均为 1477.89mm，真空预压期间的沉降量为 849.11mm，占总沉降量的 57.45%；真空堆载联合预压期间的沉降量为 91.44mm，占总沉降量的 6.19%；堆载期间的沉降量为 287.44mm，占总沉降量的 19.45%；堆载联合强夯施工期间的沉降量为 249.89mm，占总沉降量的 16.91%。

对 18 个观测点的沉降曲线进行过程分析可得出如下结论：

① 沉降速率的快慢同施工过程直接相关；

② 真空预压的稳压段沉降速率快速而稳定，一区平均速率为 12.40mm/d，二区平均速率为 10.61mm/d；

③ 在真空预压稳压后加填土荷载的联合预压时段，一区平均速率为 9.99mm/d，二区平均速率为 9.14mm/d；

④ 填土达设计高程形成堆载预压后，沉降发生，但沉降速率较慢，一区和二区分别为 3.88mm/d 和 4.48mm/d；

⑤ 在强夯阶段，沉降速率加大，一区和二区分别为 5.29mm/d 和 4.71mm/d；

⑥ 强夯后在填土堆载和强夯残余应力作用下继续沉降。一区在强夯后第 53 天、第 113 天由平均沉降速率 9.17mm/d 逐渐减慢为 1.90mm/d；二区沉降速率则逐渐由 5.25mm/d 减慢到 3.16mm/d。

（2）强夯产生固结沉降的作用分析

由于强夯是在随同填土对淤泥层堆载同时进行的，因此淤泥层产生的固结沉降是两者耦合作用的结果。

① 强夯过程中产生的沉降是在堆载预压排水固结基础上叠加的沉降，剔除堆载预压的沉降量，一、二区因强夯产生的沉降量分别为 151.5mm、23.74mm，分别占总沉降量的 8.30%、1.56%；

② 强夯后产生的沉降则是堆载和强夯残余应力之和形成的，而且在夯后的一定时间段内其沉降速率还很大，如一区在夯后的 113d 内达到平均 1.94mm/d；

③ 强夯对软土沉降的影响同夯前堆载预压的时间长短明显相关，一区的堆载时间长达 115d，产生了 451.44mm 的沉降量，强夯阶段就仅产生了 250mm 的沉降量；二区的堆载时间仅为 47d，只产生了 260mm 的沉降量，强夯阶段就产生了 317.9mm 的沉降量；

④ 强夯期间和强夯后的沉降量一区分别为总沉降量的 10.31% 和 9.07%，二区分别为 14.90% 和 13.82%，其中一区合计为 19.38%，二区合计为 28.72%；

⑤强夯所产生的沉降可大为缩短软土的排水固结时间。以本场地工后沉降≤250mm计算，一区若不进行强夯，在前期225d真空预压和堆载预压的基础上，在未考虑堆载沉降衰减的基础上还需119d才可满足这一要求；强夯施工仅需47d就可以达到，大大缩短了工期。

5.5.2.2　场地沉降特征分析

一、二区相连的10个观测点组成的纵向（由西向东）截面沉降曲线，场地试验过程的沉降曲线特征见图5.5-4。一、二区的横向（由北向南）截面沉降曲线分别见图5.5-5和图5.5-6。

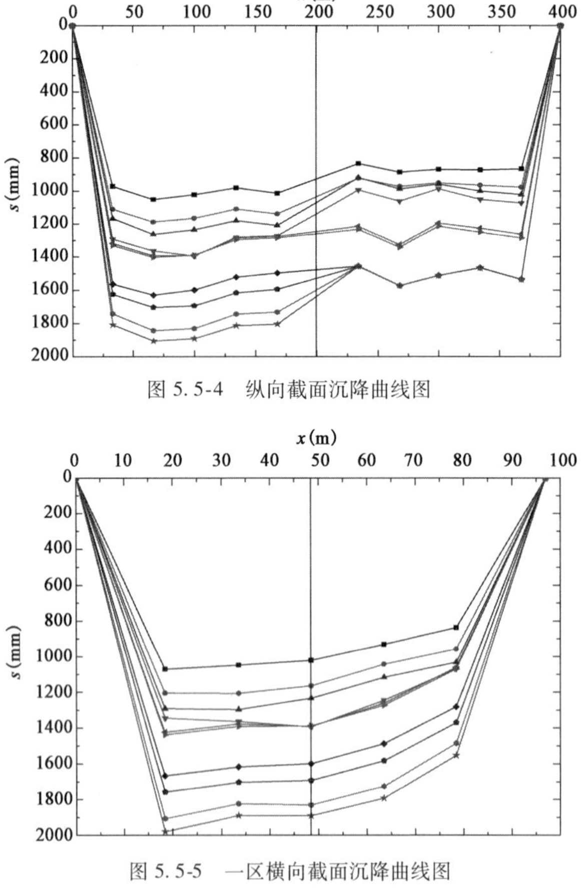

图5.5-4　纵向截面沉降曲线图

图5.5-5　一区横向截面沉降曲线图

(1) 场地纵向截面沉降曲线特征

①纵向截面沉降量反映出西部（一区）大于东部（二区），这同淤泥类土厚度西部（一区）大于东部（二区）相吻合；

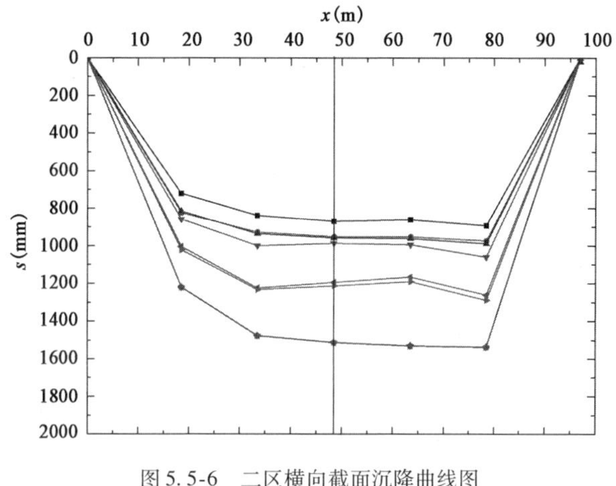

图 5.5-6　二区横向截面沉降曲线图

② 西部（一区）平均沉降量大于东部（二区）约 336mm；

③ 截面曲线反映出预压前期沉降速率大于后期。

（2）横向截面沉降曲线特征

① 一区横向截面沉降曲线反映出北侧沉降量大于南侧；前 80d 的沉降速率大于后期；70d 内的曲线内收现象明显，这同真空预压相关，之后内收变弱同采用堆载预压相关；

② 二区的横向截面沉降曲线反映南侧沉降大于北侧，但沉降量除南边界外基本较均匀，前 80d 的沉降速率大于后段；70d 的曲线内收现象明显，但北侧大于南侧，这同北侧已有填土侧向挤压有关。

5.5.2.3　场地工后沉降分析

一区整个场地施工完成沉降量（含插板沉降量和强夯残余应力产生沉降量）为 2739.89mm，工后沉降量为 90mm；二区施工完成沉降量（含插板沉降量和强夯残余应力产生沉降量）为 2396.89mm，工后沉降量为 72mm，满足工后沉降量小于 250mm 的要求。

5.5.2.4　实测沉降量与计算沉降量的对比分析

计算沉降量与实测沉降量见表 5.5-2。由表 5.5-2 可知，实测沉降量比计算沉降量大 20.27% ~31.77%。分析原因如下：

（1）沉降量计算时，按国家和福建省地基处理技术规范提出的沉降经验修正系数 ψ_s 采用 1.4。因淤泥的含水率近 70%，压缩模量仅 1.43MPa，ψ_s 的采用系数可能过小；根据场地的实测沉降数据，得出沉降修正系数一区为1.61，二区为1.77，平均为1.69；

（2）由于《建筑地基基础设计规范》（GB 50007—2011）中 ψ_s 取1.4的条件为 E_{s1-2} 为2.5MPa 和 $p_0 \geq f_{ak}$，与本工程的实际情况不符。本场地中淤泥层的 E_{s1-2} 为1.43MPa，将 ψ_s 取1.70才是合理的。

一、二区的沉降对比资料 表5.5-2

区号	计算沉降量（mm）	实测沉降量（mm）	相差量（mm）	残余沉降量（mm）	差异（%）
一	2184.6	2739.89	-555.29	555.29	20.27
二	1635.5	2396.89	-761.39	761.39	31.77

5.5.3 土工试验与原位检测

5.5.3.1 土工试验检测

试验区原状淤泥的土工试验物理力学参数如表5.5-3所示。对比数据有：

（1）淤泥的含水率下降了26.2%，液性指数下降了38%，状态由流塑变为流~软塑；

（2）孔隙比 e 下降了20.18%，土性由淤泥变为了淤泥质土；

（3）压缩模量增大了71%，土的承载力提高了122%。

试验区物理力学性质指标 表5.5-3

参数名称	w（%）	e	S_r	I_L	E_{s1-2}（MPa）	状态	f_{ak}（kPa）
处理前	69.66	1.77	100.99	1.73	1.43	流塑	45.0
处理后	51.46	1.41	95.56	0.97	2.45	流塑~软塑	100.0
改变率（%）	-26.12	-20.18	-5	-38	71.3		122

5.5.3.2 十字板剪切试验

试验区共进行了14个点（其中3个非试验区点）的对比试验，其试验成果见表5.5-4。

由表5.5-4可以得出：

（1）淤泥土层的不排水抗剪强度 q_u 提高了62.6%，重塑土的抗剪强度 q_u' 提高了79.14%，灵敏度降低了22.25%；

十字板剪切成果　　表5.5-4

检　测　区	检测深度（m）	q_u（kPa）	q'_u（kPa）	S_t	承载力设计值（kPa）
非处理区	1.0～25.0	20.39	5.37	4.45	58.78
处理区	6.0～15.5	33.95	9.62	3.64	104.10
变化率（%）		62.6	79.14	-22.25	77.10

（2）经承载力计算，设计承载力由58.78kPa，提高到了104.10kPa，提高了77.10%。

根据$f_{ak}=3.14q_u$经验公式计算：在-1.0～-4.0m深度f_{ak}提高了1.8～2.4倍，在-4.0～-14.0m深度f_{ak}提高了1.4～1.7倍。

5.5.3.3　静力触探试验

试验区共进行了48个点的单桥静力触探试验，原状淤泥的q_c值平均为0.165MPa，处理后的q_c平均值为0.47MPa，增大了2.55倍。按经验公式计算，原状淤泥的承载力f_0由66kPa增大到了80kPa以上。

5.5.3.4　荷载试验检测

试验区共进行了20处荷载试验，承压板为1m×1m，施加荷载达到400kPa，未达破坏状态。据检测资料，填土的承载力特征值f_{ak}达到196.7kPa，远大于120kPa的设计要求。

5.5.3.5　硬壳层厚度

根据施工后质量检测资料，填土经强夯后，地表以下0～3.9m均为N_{10}大于80击的密实状态，往下2.1m左右为钻探直接穿过，均为坚实土层，按十字板剪切资料平均于6.5m深度处为淤泥质黏性土。可见填土强夯后的6.5m深度以上是硬壳层，按荷载试验其强度为196.7kPa，按轻型动力触探（N_{10}）资料压缩模量为18MPa。

试验场地的填土地基已成为高强度硬壳层主要表现在：

（1）场地5.0～5.5m的填土经过平均总夯能为5810kNm/m^{2}夯击和多遍振动碾压，已成为高压实的人工硬壳层。平均沉降量为5.82cm/m和27.34cm/m；

（2）此填土强夯地基按动力触探实测资料其厚度为6.0m，压缩模量E_s为18.0MPa；按荷载试验资料其承载力特征值为196.7kPa；

(3) 由于此层下伏的淤泥质土经处理后 E_{s1}/E_{s2} 的比值达到6，按《建筑地基基础设计规范》(GB 50007—2011) 中地基压力扩散角 θ 为26°；

(4) 本试验场地填土为较多碎块石（>30%）的黏性土，在地基土不被水浸润的条件下具有很高的强度与抗压性，经强夯处理后表现出较强的整体性与均一性。

5.6 本章小结

(1) 现场试验结果表明，短程超载真空预压动力排水固结联合法是以真空预压为基础，再与堆载压力和强夯动力相叠加，对软土实施比使用荷载大数倍的超载压力而使之快速排水固结，不仅使主固结沉降能在短期内完成，而且利用动力固结的残余应力与堆载压力的组合效应可快速完成部分次固结沉降；该方法适用于处理表层具有厚淤泥和下伏厚层软土的吹填场地，处理后的场地能同时满足承载力 $f_{ak} \geqslant 120\text{kPa}$、工后沉降小于250mm的要求；

(2) 通过现场试验，对真空预压堆载联合预压后对填土产生的地基处理效应，特别是对填土下软土的加速排水固结机理进行了分析研究，提出了强夯和强夯残余效应对软土沉降有25%左右的贡献；

(3) 沉降经验修正系数 ψ_s 是一个与压缩模量 E_s 大小相关的参数，现行建筑地基基础设计规范规定的 $E_{s1-2} \leqslant 1.5\text{MPa}$，$\psi_s = 1.4$。现场试验结果表明对于 $E_{s1-2} < 2.5\text{MPa}$ 的软土，ψ_s 随着软土 E_{s1-2} 的减小而增大，且与含水率和孔隙比有关，本场地淤泥的含水率近70%，压缩模量1.43MPa，沉降修正系数 ψ_s 的平均值为1.69；

(4) 短程超载真空预压动力排水固结技术将真空预压—堆载预压静力排水固结和强夯动力排水固结组合在一起充分发挥了它们各自的优点，特别是强夯加固了软土层的排水固结，同时形成填土硬壳层，使得处理施工工期显著缩短，具有良好的处理效果且节省投资。

第6章 立体式组合动力排水固结技术

6.1 引 言

立体式组合动力排水固结技术采用竖向重力抽水和水平向真空吸水相结合的方式，使不同的地下水处于不同的排水条件下排出。该排水固结系统是一种处理效果好、工期快、造价低、适用范围广的新型动力排水固结方法，可克服场地非均质性带来的地基处理难题。本章结合浙江余姚经济开发区滨海新城软基处理工程，通过现场试验，研究立体式组合动力排水固结技术处理以粉土、淤泥质粉质黏土、粉土与淤泥质粉质黏土为主的粉土层（夹淤）场地的适用性，并对该方法的设计参数和施工工艺等进行了优化，为今后类似工程设计提供依据。

6.2 技 术 原 理

立体式组合动力排水固结技术区别于适用于强渗透性场地的降水强夯法和对渗透性差异要求严的传统静动结合排水固结法，立体式组合动力排水固结技术是在降水预压强夯法的基础上在弱渗透性土层中设置水平向真空吸水装置，使孔隙水和弱结合水在真空负压的压力差作用下被吸出，从而解决弱渗透性场地的降排水问题。通过采用重力抽水、真空负压吸水等不同的排水方式，再叠加动力加压改变松软土中地下水的渗流排出条件，使静动荷载、土体排水条件相互作用，促使非均质松软土的排水固结同步进行。

立体式组合动力排水固结技术系统布置如图6.2-1和图6.2-2所示。表层为粉土的场地通过管井降水形成竖向排水后，叠加强夯动力荷载进一步排水固结。表层为淤泥质粉质黏土或粉土与淤泥质粉质黏土为主的粉土层（夹淤）场地，根据渗透系数差异，在水平方向设置真空管，与管井相连构成立体式排水系统排水后，叠加强夯形成静动组合排水进行固结加固。

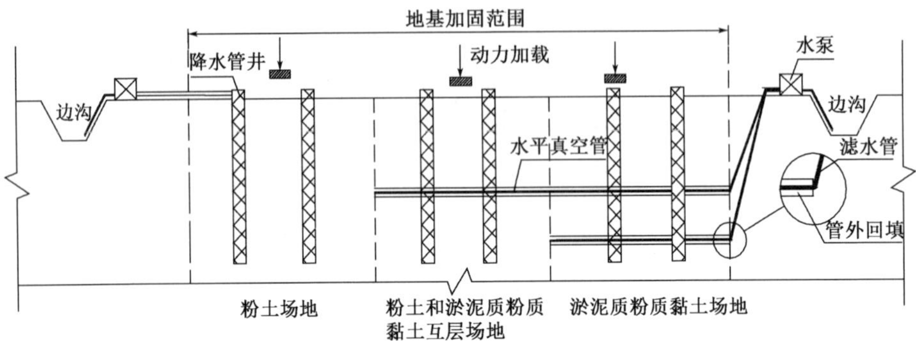

图 6.2-1 立体式排水固结系统立面图

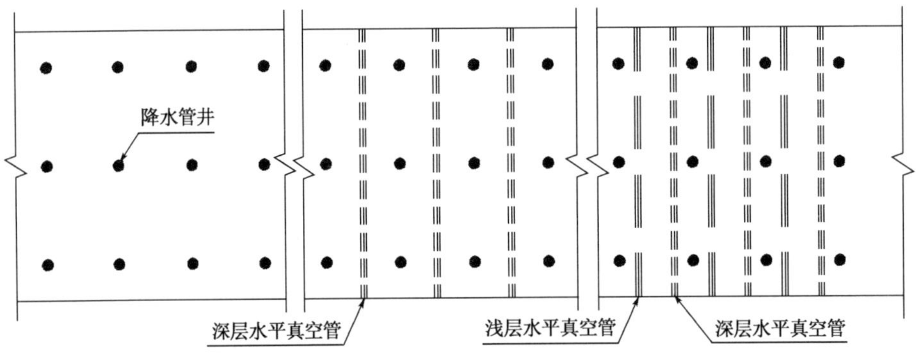

图 6.2-2 立体式排水固结系统平面图

6.3 设计思路和设计原则

立体式组合动力排水固结技术对吹填软土地基加固时遵循以下设计思路和设计原则：

(1) 场地分区

首先在场地按功能分区的基础上，对处理场地进行详细勘察，根据设计荷载对处理场地进行沉降计算，根据沉降计算结果对工程条件精细化分析，进行分区地基处理参数设计。

(2) 排水系统设计

立体式组合动力排水固结技术的关键在于立体式组合动力排水系统的设置。立体式组合动力排水系统包括水平真空吸水系统和竖向重力抽水系统。在粉土和淤泥质粉质黏土互层场地、淤泥质粉质黏土场地中铺设一层或多层水平真空管，设置真空泵与真空管相连，进行真空吸水；竖直向设置降水管井，并在管井底部设置潜水泵，进行重力抽水。

水平真空吸水系统：水平真空吸水系统一般采用真空管水平向交叉布置形成。真空管直径一般为 50mm，间距根据土层渗透系数大小确定。水平真空管应尽量布置在设计降落水位的最低处，在透水性差的地基中，不超过 6～8m，若软基加固的范围大，水平排水管可设置数层，各层间的距离，淤泥质粉质黏土中控制在 4～5m 左右，渗透性较好的粉质黏土或粉土，间距为 6～8m。

竖直重力抽水系统：竖直重力抽水系统由降水管井组成。管井直径一般为 315mm，管井间距和深度根据土层渗透系数大小、地基处理深度确定。

（3）降水设计

对渗透性较差的粉土和淤泥质粉质黏土互层场地、淤泥质粉质黏土吹填场地在降水预压附加荷载作用下，进行动力加载，消除工后沉降。

（4）动力加载设计

动力加载采用“轻夯多遍”的施工工艺，在场地表面形成“硬壳层”，保证地基承载力的同时，对夹层粉土或淤泥质土形成“动力预压”。当粉土和淤泥质粉质黏土互层场地、淤泥质粉质黏土场地在降水预压附加荷载作用不足的情况下，可通过增加单位面积动能的方法来补充预压荷载的不足。

6.4　现场试验

6.4.1　工程概况

浙江余姚经济开发区滨海新城软基处理项目经吹填形成约 4 年，拟建五纵二横七条道路，总处理面积约 39 万 m^2。场地处于钱塘江入海口，与长江中下游地质条件类似，属于粉土夹淤场地，地质情况如图 6.4-1 和表 6.4-1 所示。

本试验场地的特点在于：

（1）吹填粉土在平面和垂向上分布不均匀性明显；

（2）在拟处理地层深度内的土体物理力学性状差异大；

（3）地下水主要为赋存于粉土及黏性土层中的孔隙潜水，渗透性差。

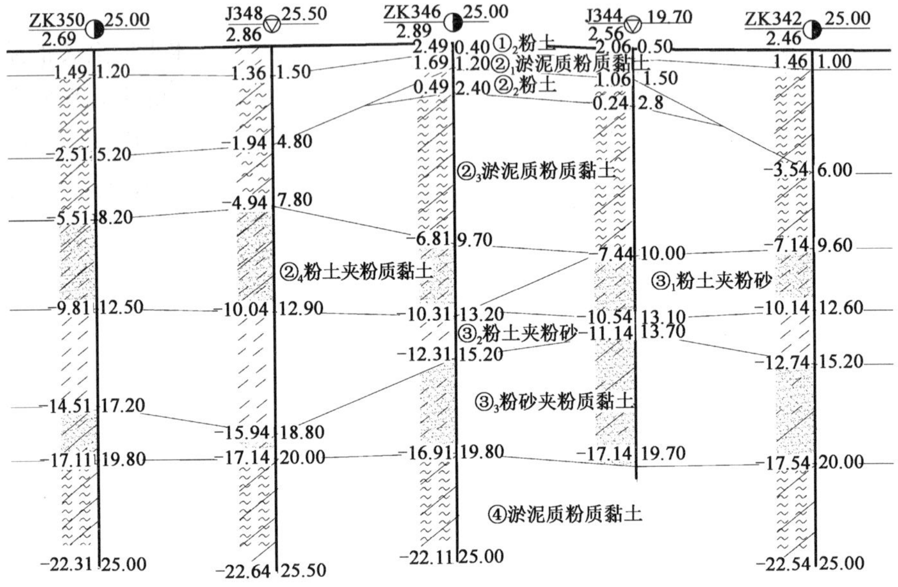

图 6.4-1　余姚软基处理场地典型地质剖面图

地层分布特征　表 6.4-1

名　称	厚度（m）	地层特征
①$_2$粉土	0.30～1.80	灰黄色，饱和，表层可见植物根系，分布全区，$[f_{a0}]$ =60kPa
②$_1$淤泥质粉质黏土	1.00～3.90	灰色，饱和，流塑状态，粉性较强，局部渐变为流塑粉质黏土、粉土，呈薄层状，局部缺失，$[f_{a0}]$ =50kPa
②$_2$粉土	1.70～10.50	灰色，松散，湿，粉性较强，局部夹粉砂、粉质黏土，呈薄层状，局部缺失，$[f_{a0}]$ =60kPa
②$_3$淤泥质粉质黏土	1.40～3.70	灰色，饱和，流塑状态，粉性较强，局部渐变为软塑粉质黏土、松散的粉土，呈薄层状，局部缺失，$[f_{a0}]$ =50kPa

6.4.2　试验目的

本试验的试验目的如下：

（1）验证立体式组合动力排水固结法是否适用于吹填粉土（夹淤）场

地，是否可实现地基承载力f_{ak}≥120kPa、地基处理影响深度达到6m、地基回弹模量不小于25MPa、场地硬壳层达到3m的要求；

（2）寻求该项目软基处理的重要设计参数、相关技术指标、施工工序关键控制参数。

6.4.3　方案设计

6.4.3.1　试验区分区

根据钻探揭露地层情况可知，勘察深度范围内沿线地基土主要为第四系海相、冲海相及冲积相地层。根据设计使用荷载60kPa和分层总和法沉降公式，得出各钻孔沉降量。各钻孔平均沉降量为0.61m，相邻点最大沉降差0.24m，具体如表6.4-2所示。

各钻孔沉降计算表　　表6.4-2

计算条件	各钻孔的沉降量计算（m）											
	ZK1	ZK2	ZK3	ZK4	ZK6	ZK7	ZK8	ZK9	J1	J2	J3	平均
60kPa	0.58	0.57	0.58	0.59	0.58	0.72	0.63	0.61	0.56	0.55	0.79	0.61

为确保路基不产生过大的差异沉降，根据试验区地层分布情况及计算沉降量，将该场地地基处理区域分为以下三类。

Ⅰ类：$①_2$层粉土层底埋深≥3m，或$②_1$层较薄，$②_2$层层底埋深≥3m的路段，即3m内土层主要为粉土的路段，此类区域划定为一区。

Ⅱ类：$①_2$层粉土层底埋深<3m，$②_1$层较厚，$②_2$层层顶埋深≥3m的路段，即3m内土层为粉土和淤泥质粉质黏土互层，且淤泥质粉质黏土较厚，此类区域划定为二区。

Ⅲ类：$①_2$层粉土层较薄，$②_1$层淤泥质粉质黏土较厚，$②_2$层粉土厚度很薄或缺失的路段，即3m内土层主要为淤泥质粉质黏土的路段，此类区域划定为三区。

6.4.3.2　试验区参数设计

各试验区地质情况不同，要满足同一设计要求，需对不同试验区进行差异化设计，反映到设计参数上，即真空水平排水管、夯击能等参数取值不同，具体如表6.4-3所示。

各试验区设计参数对比表 表6.4-3

<table>
<tr><th>项　目</th><th>一　区</th><th>二　区</th><th>三　区</th></tr>
<tr><td>明沟</td><td colspan="3">深3m，底宽4m，顶宽8m，布设在距离处理边界2.0m外</td></tr>
<tr><td>管井</td><td colspan="3">ϕ315mm，深8m，间距14m×14m</td></tr>
<tr><td>真空水平排水管</td><td>无</td><td>ϕ50mm，深2.0m，真空度≥65kPa，间距14m</td><td>ϕ50mm，真空度≥70kPa，间距7m，高低错位，深2.0m、3.0m</td></tr>
<tr><td>降水遍数</td><td colspan="3">降水6遍，每遍3～7d</td></tr>
<tr><td>第一遍普夯</td><td rowspan="2">单击能500～600kN·m，每点2击</td><td rowspan="2">单击能400～600kN·m，每点2击</td><td rowspan="2">单击能400～500kN·m，每点2击</td></tr>
<tr><td>第二遍普夯</td></tr>
<tr><td>第一遍点夯</td><td rowspan="2">单击能1200kN·m，每点4～5击，6m×6m正方形布设</td><td rowspan="2">单击能1000kN·m，每点4～5击，6m×6m正方形布设</td><td rowspan="2">单击能850kN·m，每点4～5击，6m×6m正方形布设</td></tr>
<tr><td>第二遍点夯</td></tr>
<tr><td>满夯</td><td colspan="3">单击能800kN·m，每点2击，1/3锤印搭接</td></tr>
<tr><td>振动碾压</td><td colspan="3">18t振动压路机碾压4遍</td></tr>
</table>

(1) 明沟

在路基处理范围内，距离处理边界2.0m外，沿路基纵向开挖排水边沟，深度3.0m，底宽4.0m，顶宽8.0m。

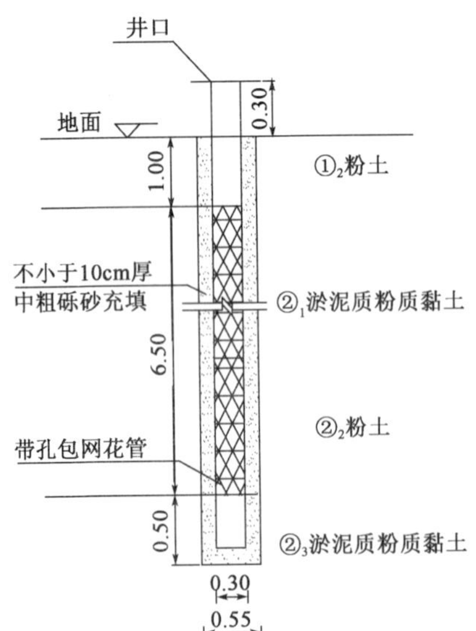

图6.4-2 降水管井剖面图（尺寸单位：m）

(2) 管井

垂向布置的降水管井采用ϕ300mm的PVC波纹管，下端0.5m以上至上端1.0m以下为带孔包网滤管，其余为盲管，管井成孔直径≥550mm，洗井后下井管，外侧填不小于10cm厚的中粗砂滤水层。横向在路中心线及两侧按14m布设管井，纵向间距14m，井深8.0m，内设潜水泵抽水，管井上端高出地面0.3m，图6.4-2所示为降水管井剖面图。

(3) 真空水平排水管

真空水平排水管沿横向布置在管井之间。在沿路基横向挖沟，深度不小于

3m，二区水平排水管布置一层，埋深2.0m，图6.4-3所示为二区真空水平排水管剖面图。三区水平排水管布置两层，高低错位，分别埋深2.0m、3.0m。水平排水管四周用粉土包裹，每侧粉土厚度均不小于20cm；排水管沿路基横向布置，与路基中心线垂直对称布置。

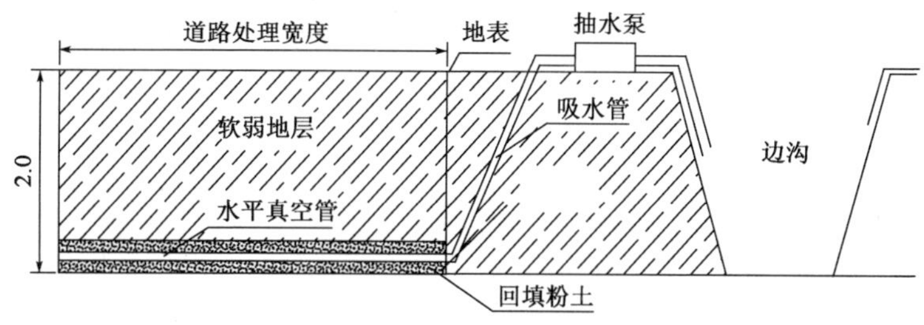

图6.4-3　二区真空水平排水管剖面图（尺寸单位：m）

（4）强夯参数设计

当表层真空水平排水管降水出水量较少、管井内水位下降到7m深度以下连续3d后，开始进行强夯。

强夯按照两遍普夯、两遍点夯、一遍满夯的顺序进行。每遍强夯间隔3~7d，具体以超孔隙水压力消散70%为准。点夯间距6m×6m，正方形布设，第二遍点夯夯点与第一遍点夯夯点内插。

6.4.4　施工工艺

6.4.4.1　施工流程

浙江余姚经济开发区滨海新城软基处理项目施工流程见图6.4-4。该施工工艺的要点在于：在水平向真空排水和竖直向重力抽水共同的附加荷载作用下，采用轻夯多遍的方式逐级施加强夯荷载，打破土体平衡，达到超固结状态。

6.4.4.2　现场施工

浙江余姚经济开发区滨海新城软基处理项目现场施工如图6.4-5所示。

6.4.4.3　质量控制要点

（1）基准点复测满足规范要求后，通过测量放线标示出施工处理区域及明沟位置，清除施工处理区域的芦苇杂草、平整场地，并开挖排水明沟。场地平整时高程控制在+3.3m。

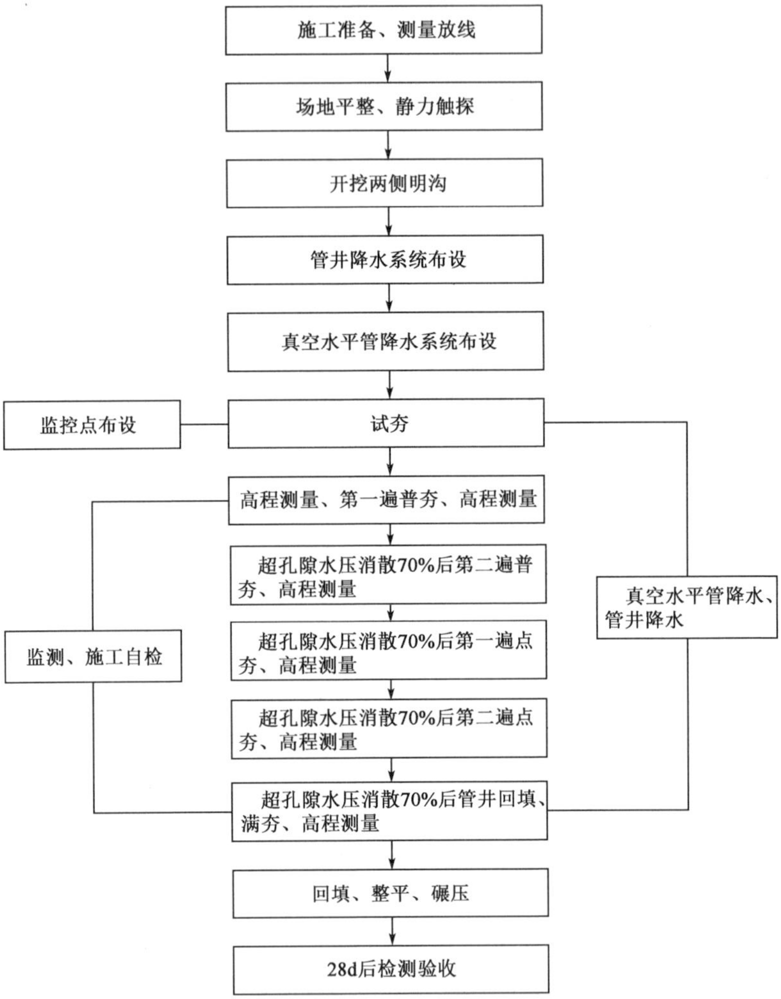

施工准备、测量放线

↓

场地平整、静力触探

↓

开挖两侧明沟

↓

管井降水系统布设

↓

真空水平管降水系统布设

↓

试夯 —— 监控点布设

↓

高程测量、第一遍普夯、高程测量

↓

超孔隙水压消散70%后第二遍普夯、高程测量

↓

超孔隙水压消散70%后第一遍点夯、高程测量

↓

超孔隙水压消散70%后第二遍点夯、高程测量

↓

超孔隙水压消散70%后管井回填、满夯、高程测量

↓

回填、整平、碾压

↓

28d后检测验收

监测、施工自检

真空水平管降水、管井降水

图 6.4-4　试验工艺流程图

a)场地平整

b)高程测量工前勘探

图　6.4-5

c)开挖明沟　　d)管井安装

e)开挖安装水平排水管　　f)水平管间距测量

g)普夯、满夯施工　　h)点夯施工

i)振动碾压　　j)工后检测

图6.4-5　现场施工

（2）对平整后的场地按 20m × 20m 网格状进行高程测量，同时采用小螺纹钻、静力触探对地质条件进行补充勘察，静力触探和小螺纹钻的点位应选取在地质勘察报告上的点位之间，加密情况视现场实际情况而定。

（3）管井纵向间距 14m，横向间距 14m，用钢卷尺测定出管井位置，并用三角旗标识。管井施工时，成孔直径应大于 0.55m，深度为 8m，井管采用 ϕ300mm 的 PVC 波纹管，下端 0.5m 以上至上端 1m 以下为带孔包网滤管，其余为盲管，成孔后应先洗井，然后安装井管，内设潜水泵抽水，外侧应回填不小于 10cm 厚中粗砂滤水层。

（4）水平排水管纵向间距为二区为 14m，三区为 7m，用钢卷尺测定出横向水平管位置，并用石灰粉标识。二区水平排水管埋深 2.0m，三区水平排水管埋深 2.0m、3.0m，水平排水管周围回填不小于 40cm 厚粉土。采用 ϕ50mmPVC 管连接水平排水管和真空泵。通过水平真空管排出的自由水和结合水通过明沟排放到场外。

（5）管井降水、真空水平排水管吸水同时进行，当地下水位满足要求时，进行普夯试夯试验，确定单击夯击能为 400 ~ 600kN · m，每点 2 击。按试验所确定的夯击能进行第一遍普夯，同时进行降水。当第一遍普夯后产生的超孔隙水压力消散 70% 以上后进行第二遍普夯。每天进行水位、孔隙水压力观测。

（6）进行点夯夯前试验，确定夯击能，单击能量为 800 ~ 1500kN · m，每点 4 ~ 5 击，呈 6m × 6m 正方形布设。当第二遍普夯产生的超孔隙水压力消散 70% 以上后，开始第一遍点夯。当第一遍点夯后产生的超孔隙水压力消散 70% 以上后进行第二遍点夯，第二遍点夯与一遍点夯的夯点位置错开，形成梅花形布置。同时每天进行水位、孔隙水压力观测。

（7）满夯一遍，单击能 800kN · m，每点 2 击，1/3 锤印搭接，满夯完成后进行静力触探自检。

（8）拆除降水管井，先将管井内水用潜水泵抽干，再用黏土填实后，用机械夯实，夯击能 1500kN · m，每个管井点 4 ~ 5 击。

（9）平整场地，测量高程，如路基高程低于 2.8m，须回填至 2.8m。场地整平后用 18t 振动压路机进行振动碾压，碾压 4 遍。

（10）路基养护不少于 28d 后进行施工质量检测。

（11）点夯收锤标准：单点累计夯沉量小于控制深度时打足建议的击

数，强夯坑深度超过控制深度时停止强夯，相同能量后一击夯沉量明显大于前一击时，停止强夯。每击夯沉量通过测量锤顶面高度的变化计算。由专人用水准仪测量，逐一测量记录并随即算出单击击沉量，并做详细记录。直到满足停击标准方可转入下一点施工。

（12）每更换一次脱钩绳，都应用钢尺测量脱钩高度，使其满足设计要求。每点夯击遍数不得少于试验确定的遍数。

（13）低能量强夯采用轻击多遍、逐渐加载的施工工艺，以确保上部土体结构不产生严重的塑性破坏或液化。如第一遍普夯时应采用低能量夯击，因为此时软土强度低，采用过大夯击能会使土体结构严重破坏，容易液化与出现橡皮土。夯击击数少、遍数多也是为了逐渐加载，在确保土体结构不被破坏条件下增大能量，提高有效加固深度。

6.4.5　监测检测数据分析

6.4.5.1　表层沉降

在夯前、每遍普夯后、每遍点夯后和满夯后进行6次场地高程测量，按20m×20m方格网进行地表高程测量，以确定每遍强夯后的表层沉降及最终沉降量。3个试验区的高程变化曲线如图6.4-6所示。

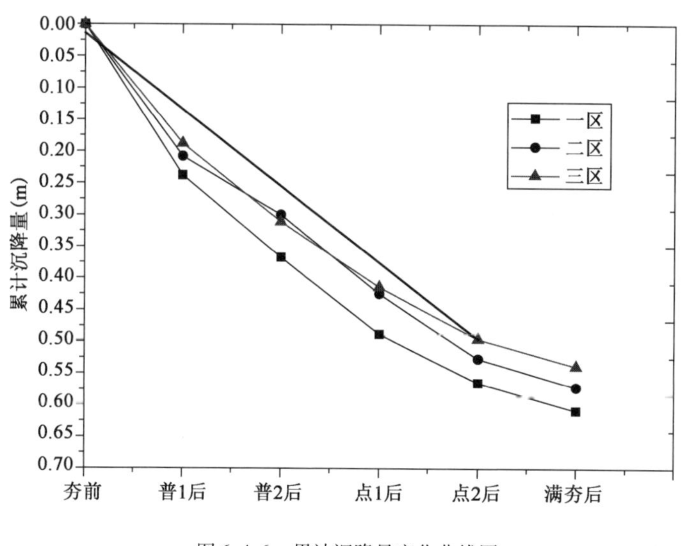

图6.4-6　累计沉降量变化曲线图

由图6.4-6可知，采用立体式组合动力排水固结法对试验区地层进行处理后，试验一、二、三区有不同程度的沉降量，分别为0.609m、0.572m、0.539m，接近根据勘察数据计算得到的沉降量（平均值为0.61m）。

6.4.5.2 静力触探检测

按100m间距沿路中心线布设同点位的静力触探点，每个区分别布置3个，在普夯前、满夯后各进行一次静力触探试验，两次静力触探点位相同，静力触探结果如表6.4-4和图6.4-7所示。

地基处理前后静力触探值对比 表6.4-4

深度（m）		0~3			3~6		
状态		处理前（MPa）	处理后（MPa）	提高倍数	处理前（MPa）	处理后（MPa）	提高倍数
试验一区	1-1#	0.52	3.89	7.48	0.69	1.07	1.55
	1-2#	0.8	5.07	6.34	0.52	2.46	4.73
	1-3#	0.65	4.74	7.29	0.39	1.76	4.51
试验二区	2-1#	0.98	3.78	3.88	0.69	1.44	2.11
	2-2#	1.02	3.36	3.29	0.96	1.06	1.11
	2-3#	1.26	4.61	3.66	0.73	0.91	1.25
试验三区	3-1#	0.83	2.64	3.18	1.15	2.57	2.23
	3-2#	0.42	2.93	6.98	1.35	3.04	2.25
	3-3#	0.74	3.00	4.05	1.40	3.20	2.29

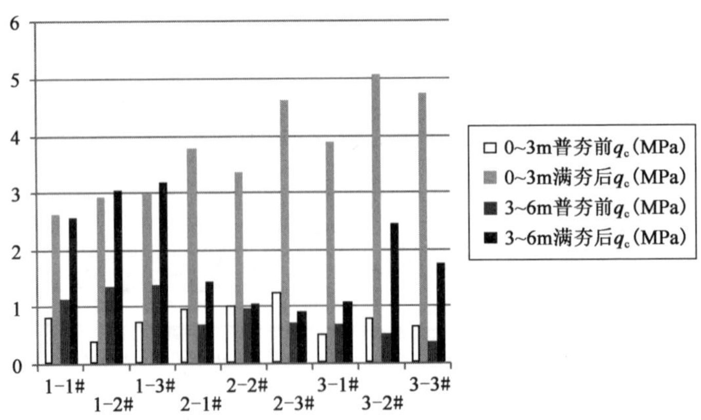

图6.4-7 加固前后静力触探对比图

由加固前后静力触探对比图7.4-7可以看出，地基处理后的试验区地层锥尖阻力大幅度提高，试验一区0~3m内平均提高7.03倍、3~6m内平均提高3.60倍；试验二区0~3m内平均提高3.61倍、3~6m内平均提高4.47倍；试验三区0~3m内平均提高4.74倍、3~6m内平均提高2.26倍。由此可知，地基处理深度大于6m，满足设计要求值6m。

6.4.5.3　回弹模量试验

当满夯完成28d、场地整平并进行振动碾压后，进行土基回弹模量检测，每个区各布置3个点，试验采用直径为30cm厚2cm的刚性圆铁板作为承载板，检测结果如表6.4-5所示。

土基回弹模量试验结果　　表6.4-5

测点	一区			二区			三区		
	1－1#	1－2#	1－3#	2－1#	2－2#	2－3#	3－1#	3－2#	3－3#
回弹模量（MPa）	31.99	29.02	28.85	37.01	33.51	28.94	36.00	29.14	32.22

由表6.4-5可知，一、二、三区土基回弹模量试验数据最小值为28.85MPa，满足地基回弹模量不小于25MPa的要求。

6.4.5.4　荷载板试验

当完成满夯28d后、场地整平并进行振动碾压后，进行静荷载试验，每个区各布置3个点，荷载板为1m×1m正方形刚性板，荷载板试验结果如表6.4-6所示。

荷载板试验结果　　表6.4-6

测点	一区			二区			三区		
	1－1#	1－2#	1－3#	2－1#	2－2#	2－3#	3－1#	3－2#	3－3#
最大加载量（kPa）	240								
最大沉降量（mm）	24.43	23.72	20.73	22.52	21.16	26.56	20.61	21.45	26.45

由荷载板试验结果表6.4-6可知，当荷载加到240kPa时，*P*—*s*沉降曲线仍处于直线阶段，可见处理后一、二、三区地基承载力不小于120kPa，满足f_{ak}≥120kPa的要求。

6.4.6　试验结果分析

由于降水联合强夯法在渗透性能差异变化较大和夹低渗透性土体的场地

应用存在局限性，本章在以粉土、淤泥质粉质黏土、粉土与淤泥质粉质黏土为主的粉土层（夹淤）场地应用立体式组合动力排水固结法开展试验研究，结果表明：

（1）立体式组合动力排水固结法利用水平真空排水、竖向管井降水、动力强夯的联合预压作用处理粉土层（夹淤）场地是可行且高效的，场地承载力特征值可达到120kPa以上，突破了渗透性变化大的粉土夹淤泥场地不宜降水预压的技术瓶颈。

（2）由静力触探数据可以看出，处理深度内的各层土的 P_s 值大幅度提高，表面硬壳层厚度平均达到3.67m，满足设计要求值3m，地基处理影响深度均值为6.61m，满足设计要求值6m，地层土体的强度明显改善，软基处理效果显著。

（3）由回弹模量试验和荷载板试验可以看出，一、二、三区土基回弹模量试验数据最小值为28.85MPa，满足地基回弹模量不小于25MPa的要求；当荷载加到240kPa时，P—s 沉降曲线仍处于直线阶段，满足 $f_{ak} \geqslant$ 120kPa的要求。

（4）立体式组合动力排水固结法设计的重点为立体式组合排水系统和动力强夯固结。立体式组合排水系统中的竖向降水管井、水平向真空排水管的间距和数量要根据拟处理土层的深度、夹淤层的渗透系数、场地处理工期、成本等确定；动力强夯的单击能要根据土体含水率大小，遵循“轻夯多遍、逐级加载”的原则，经过试夯确定。

（5）强夯施工中，同时进行管井降水和水平真空排水，且下一遍强夯需在上一遍强夯产生的超孔隙水压力消散70%的基础上进行。

6.5 本章小结

本章对立体式组合动力排水固结技术的原理、设计方法进行了深入的研究，并通过现场试验进行了验证，得到如下结论：

（1）该技术适用于吹填粉土（夹淤）场地，可实现地基承载力 $f_{ak} \geqslant$ 120kPa、地基处理影响深度达到6m、地基回弹模量不小于25MPa、场地硬壳层达到3m的要求。

（2）立体式组合动力排水固结技术的设计关键为立体式组合排水系统。

该系统包含水平向真空吸水系统和竖直向重力抽水系统。水平向真空吸水系统采用真空管与真空泵相连的方式，充分利用真空压力差将地层中的水吸出。竖向重力抽水系统将渗入管井中的水通过潜水泵抽水的方式抽出；竖向管井与水平向真空管相连，构成立体式排水系统。

（3）立体式组合动力排水固结技术实施的关键在于强夯过程中持续采用排水系统进行排水，使降水附加荷载和强夯能量叠加作用于处理土层，加速地基排水固结的完成。

第 7 章　吹填场地表层真空预压及深层排水固结技术

7.1 引　　言

吹填超软土场地一般含水率高（含水率一般在 100% 以上，最大达 300%），强度低（无侧限抗压强度小于 5kPa），吹填后表面为流态，人与机械无法进入现场施工。传统的静力排水固结技术在吹填后，一般需要经过自然沉降 2 ~3 年，表层形成具有一定承载力的硬壳后，才能使用机械进行地基处理，无法满足快速发展的要求。本章结合汕头市东部城市经济带市政基础设施建设项目软基处理工程，通过现场试验研究“浅层真空预压”技术进行浅表层处理的适用性，在此基础上提出“浅层真空预压 + 深层排水固结处理”超软土吹填场地的设计参数和施工工艺，为今后类似工程设计提供依据。

7.2 技 术 原 理

表层真空预压排水固结技术是传统的真空预压技术的改进。传统的真空预压法原理如图 7. 2-1 所示。在地基中设置砂井（塑料排水板）等竖向排水体，其顶部采用砂垫层联通之后，在地表铺设不透气的塑料膜，周边均埋在起封闭作用的黏土层中。砂垫层中埋置滤管网，用真空泵抽气，使膜内气压低于大气压，形成负压，砂井（塑料排水板）中的孔隙水压力降低。加固软土中的孔隙水流入砂井（塑料排水板）内。图 7. 2-1b）中：1-总应力线；2-原来的水压线；3-降低后的水压线；4-不考虑排水井内水头损失时的水压力线。

真空预压法并不增加土体的总应力，所以不会造成地基失稳，不必分级加载。这种预压法所产生的侧向变形向着加固区，在有效应力增量相同的情况下，所产生的总沉降量小于堆载法。

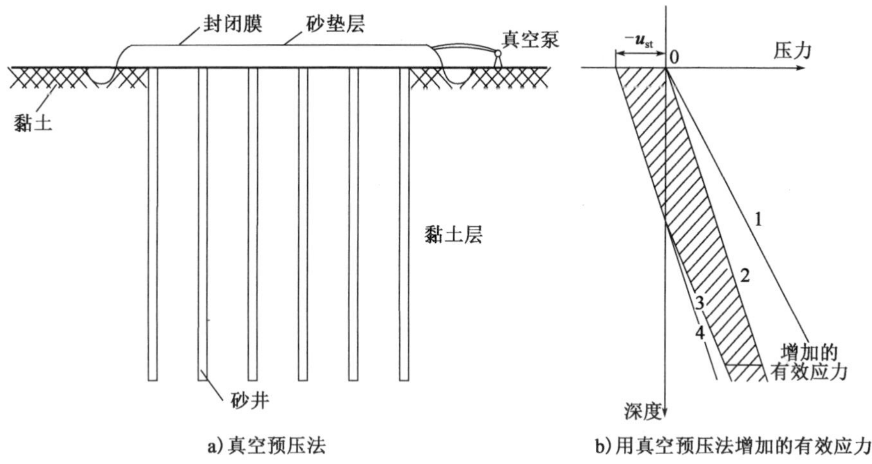

图7.2-1 真空预压法原理

如图7.2-2所示，表层真空预压排水技术主要是改进水平排水通道，将传统真空预压的砂垫层改为无砂真空预压方案，即铺设土工布后人工插打塑料排水短板，排水板深度一般取3~5m，塑料排水板外露淤泥面一定长度以便连接滤管，用真空泵抽气，使膜内气压低于大气压，形成负压，砂井中的孔隙水压力降低。加固软土中的孔隙水流入塑料排水板内。当表层超软土满足一定的承载力要求后停泵卸载，并回填一定厚的砂垫层，为后续施工提供工作面。

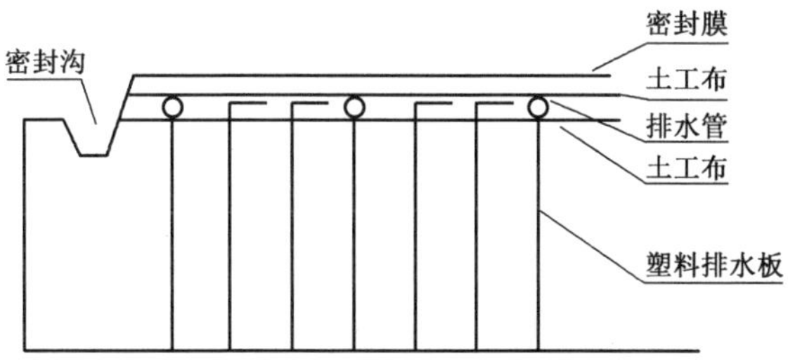

图7.2-2 浅表层真空预压排水固结技术原理示意图

7.3 设计思路和设计原则

表层真空预压排水固结技术对吹填超软土地基加固时遵循以下设计思路和设计原则：

（1）根据超软土的物理力学性质确定竖向塑料排水板的插入深度和排水板间距。塑料排水板间距一般取 0.6 ~ 0.8m，排水板深度一般取 3 ~ 4m，外露淤泥面长度大于排水板到波纹管的距离。

（2）设计替代砂垫层的水平排水通道，滤管的直径 50mm，横向间距宜为 1.2 ~ 1.6m，纵向间距宜为 5 ~ 6m，波纹管的环刚度不小于 6kPa。

（3）选择真空泵，确定真空泵的间距和停泵的条件。

7.4 现 场 试 验

7.4.1 工程背景

本场地为汕头东部城市经济带市政工程软基处理项目试验区，地质情况如图 7.4-1 所示，场地主要拟处理地层及其物理力学参数如表 7.4-1 和表 7.4-2所示。

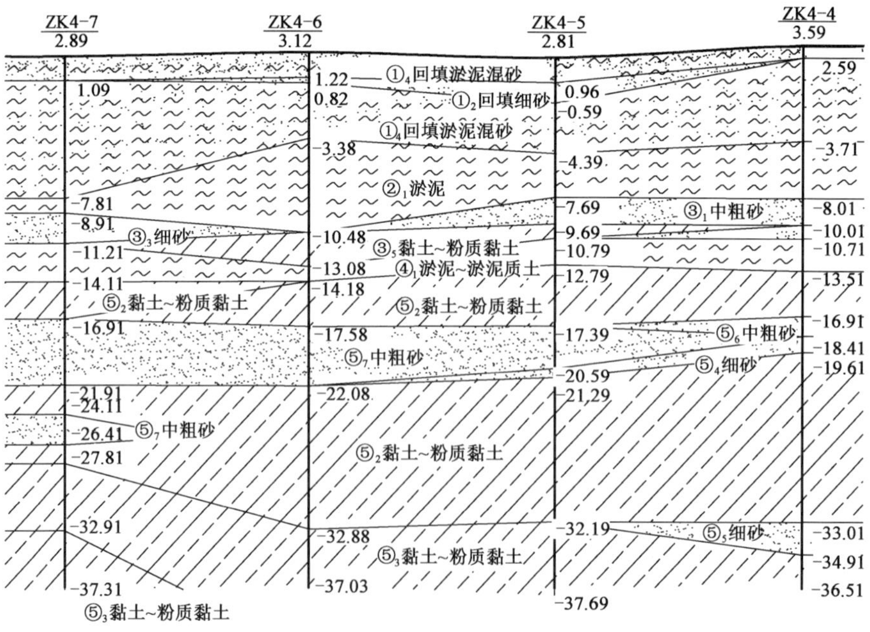

图 7.4-1　典型工程地质剖面图

试验区地层分布 表7.4-1

土层名称	厚度(m)	地层特性
①$_2$中细砂	0.4~5.0	饱和，松散，以中砂为主，含粗砂，呈透镜状分布于①$_4$层土的上、下或夹于其中，为严重液化砂层
①$_4$淤泥混砂	1.7~10.7	流动~流塑状，灰黑色，含粉粒，高含水，q_c为0.0~0.28MPa，平均小于0.10MPa，承载力特征值小于20kPa，为新近超软土
②$_1$淤泥	3.4~5.6	灰色，流塑，饱和，夹较少量粉细砂，全场地分布
③$_1$中细砂	1.0~2.6	饱和，松散，局部夹淤泥
③$_3$中粗砂	0.7~1.8	饱和，松散，含少量黏粒，中等液化
④$_1$淤泥~淤泥质土	1.1~4.5	黏土，灰色，饱和，流塑，夹较多薄层细砂或粗砂
⑤$_2$黏土~粉质黏土	13.9~20.5	稍湿，软~可塑，局部混较多中细砂

试验区物理力学参数 表7.4-2

土层名称	w (%)	ρ (g/cm^3)	e	I_P	I_L	c_q (kPa)	φ_q (°)	E_{s1-2} (MPa)	a_{v1-2} (MPa^{-1})	N' (击)
①$_2$细砂										1.9
①$_4$淤泥(混砂)	39.8	1.80	1.100	10.9	1.93	5.4	4.4	3.540	0.541	
②$_1$淤泥~淤泥质土	58.1	1.65	1.567	18.8	1.71	8.2	7.9	1.56	1.355	
③$_1$中粗砂										3.0
③$_3$细砂										3.8
④$_1$淤泥质土	55.1	1.79	1.487	16.2	1.5	13.2	9.5	2.04	0.798	
⑤$_2$黏土~粉质黏土	37.6	1.84	1.061	18.1	0.67	33.3	5.6	6.546	0.347	

试验区长度150m，宽度为60m，深层处理时分为A、B两个试验小区。试验区场地的工程地质条件如下：

(1) 地层总体上部为回填中粗砂，下覆淤泥质土，沉积软土的分布性状和厚度差异很大，结构复杂，总体呈泥层和砂层互层结构，差异沉降明显；

(2) ①$_4$层、②$_1$层、④$_1$层为淤泥或淤泥质土，厚度较大且埋深较深，处理前具有高含水率，大孔隙比、高压缩性、低承载力等特性，在长期荷载作用下产生较大沉降及不均匀沉降，对路基稳定性造成不利影响。

7.4.2 试验目的

(1) 通过现场试验研究浅层真空预压技术进行表层处理的适用性；

（2）提出“浅层真空预压”技术的设计参数和施工工艺，为今后类似工程设计提供依据；

（3）验证处理后的场地是否满足工后沉降≤30cm、交工面的地基承载力特征值f_{ak}≥120kPa 的要求。

7.4.3 方案设计

（1）浅层处理方案

试验区浅层处理采用无砂真空预压方案，即铺设编织土工布后人工插打塑料排水短板施工，再布设真空系统进行真空预压，最后铺设砂垫层。

（2）深层处理方案

试验区分 A 和 B 两个小区。A 区采用“塑料排水板 + 深层真空预压 + 堆载 + 降水 + 动力固结”方案；B 区采用“塑料排水板 + 真空联合堆载预压（深层）+ 降水 + 动力固结”方案。

A 区四周先做密封墙（泥浆搅拌桩）、打设深层排水板，然后布设真空系统进行真空预压。真空预压结束后进行堆载及降水施工。堆载施工至设计高程，再进行强夯、振动碾压施工；场地边线两侧各 10m 分层碾压至设计高度。

B 区四周先做密封墙（泥浆搅拌桩）、打设深层排水板，然后布设真空系统进行真空预压。在真空预压压力稳定后，真空膜上铺设无纺土工布，进行堆载施工，形成真空堆载联合预压，联合预压后再进行超载施工并普夯，形成真空超载动力联合预压，直至真空预压结束后，进行降水施工和动力固结，其中路基中心 40m 宽度采用强夯施工，场地两侧各 10m 宽度采用高速液压夯机施工，最后振动碾压施工。主要设计参数见表 7.4-3。

试验区主要设计参数 表 7.4-3

区号	项　目	设计参数	备注
A	浅层真空预压	人工插打塑料排水板，型号为 C 型，间距 0.8m × 0.8m，深度 3 ~ 5m，外露淤泥面 1m 连接滤管； 滤管直径 50mm，编织布规格为 250g/m^2，土工布为 250g/m^2，真空膜厚度为 0.12 ~ 0.14mm； 真空泵 7.5kW 共 12 台；土袋围堰高 0.5m，底宽 1m，顶宽 0.25m； 实测地面沉降速率连续 5 天平均≤1mm/d 后停泵卸载，并回填 0.9m 厚砂垫层，为后续施工提供工作面	浅表处理

续上表

区号	项　　目	设 计 参 数	备注
A	深层真空预压	塑料排水板：采用C型，间距1m×1m，板底穿过②$_1$或④$_1$层底±0.5m，平均深度为17m； 密封墙：紧贴预压边界布置，宽度1m，深度为进入②$_1$层内2m，采用泥浆搅拌桩（双排）连接成墙； 真空泵：7.5kW，每900m^2/台，共5台； 真空预压时间：4个月	深层处理
	堆载	真空预压停泵揭膜晾晒后回填1.45m	
	管井	4口，间距25m×20m，直径300mm，PVC波纹管，井深进入②$_1$或④$_1$层淤泥1m，高出填土0.3m	
	强夯	场地纵向中心40m宽度低能量强夯，普夯一遍，单击能800~1200kN·m，每点2~3击；满夯一遍，单击能800kN·m，每点2击，1/3锤印搭接。其中A和B区共用密封沟处点夯2遍，单击能1200kN·m，每点3~4击，间距4.5m×4.5m梅花形布设	
	振动碾压	场地纵向边线各10m范围采用分层回填碾压三次，18~20t压路机；其他区域满夯后振动碾压4遍	
B	深层真空预压	同A区	
	堆载	分两次进行，第一次填土在真空预压压力稳定在80kPa后进行，厚度0.8m。第二次填土在沉降稳定后再进行，厚度0.95m	
	管井	同A区	
	强夯	场地纵向中心40m，强夯在第二级堆载并沉降稳定后进行，分为普夯、点夯、满夯。普夯一遍，600~800kN·m，每点2~3击，夯点连接。点夯两遍，1200~1500kN·m，每点3~4击，点距6m×6m，梅花形布设。满夯一遍，1000kN·m，每点2击，1/4锤印搭接	
	高速液压夯	场地纵向边线各10m宽度范围，采用液压夯击设备，夯锤直径1m，锤重3t，冲程1.2m，频率20~40击/分，每点12~15击，点距2m，分两遍施工，第二遍在第一遍点间插打	
	振动碾压	采用18~20t振动压路机碾压2遍	

7.4.4　施工工艺

7.4.4.1　施工流程

试验区施工工艺图如图7.4-2和图7.4-3所示。

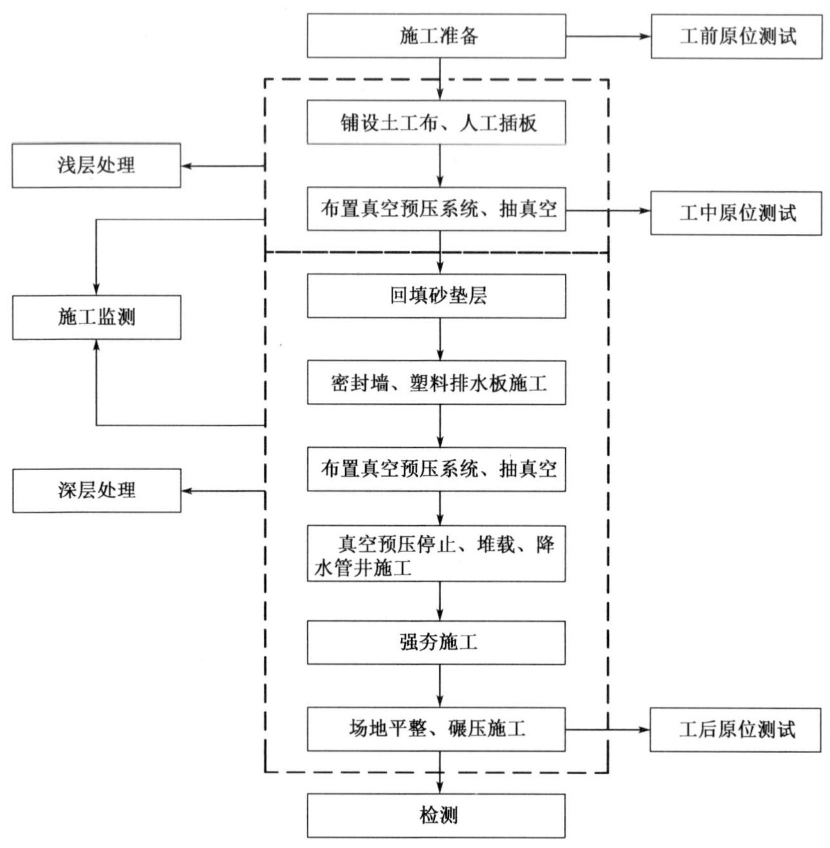

图 7.4-2　A 区试验工艺流程图

7.4.4.2　现场施工

试验区现场施工照片如图 7.4-4 所示。试验区第一个阶段为浅层处理，有效施工时间为 67d。试验区第二个阶段为深层处理，A 区有效施工时间为 211d，B 区有效施工时间为 172d，有效施工时间为扣除由恶劣天气、材料短缺等客观因素造成的延误时间后的施工时间。

7.4.5　施工监测与检测

试验区处理面积为 9000m^2，为保证试验数据完整、施工质量可控、方案调整及时有效，对施工全过程进行监测。监测、检测点位布置见图 7.4-5 和图 7.4-6。

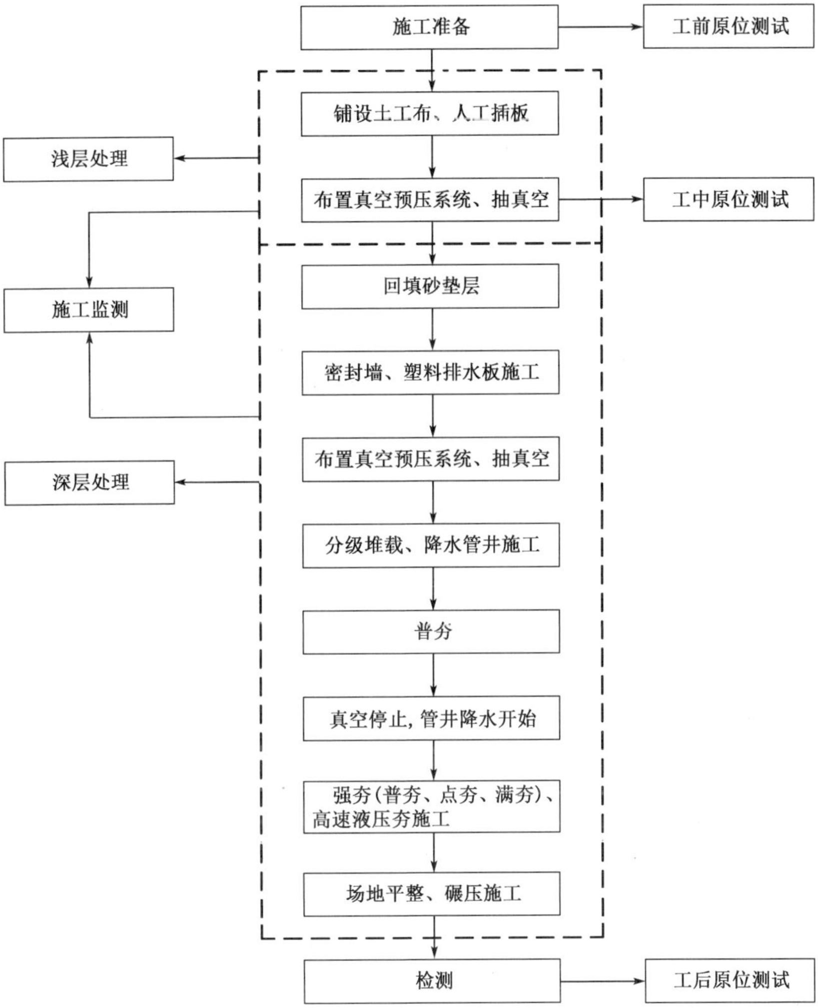

施工准备 → 工前原位测试

铺设土工布、人工插板

浅层处理

布置真空预压系统、抽真空 → 工中原位测试

回填砂垫层

施工监测

密封墙、塑料排水板施工

布置真空预压系统、抽真空

深层处理

分级堆载、降水管井施工

普夯

真空停止，管井降水开始

强夯(普夯、点夯、满夯)、高速液压夯施工

场地平整、碾压施工

检测 → 工后原位测试

图 7.4-3　B 区试验工艺流程图

a)人工插塑料排水短板施工

b)浅层真空预压施工

图　7.4-4

c)砂垫层施工

d)机械插塑料排水板施工

e)深层真空预压施工

f)堆载施工

g)强夯施工

h)振动碾压施工

图 7.4-4 试验区现场施工照片

7.4.5.1 沉降监测

(1) 浅层处理沉降

试验区浅层处理真空预压期间共布设 6 个沉降板，平均沉降量 257mm，沉降—时间曲线见图 7.4-7。测点 CJ18 和 CJ19 的沉降相差不大，分别为 391mm 和 355mm；测点 CJ16 和 CJ21 的沉降接近，分别 255mm 和 259mm；测点 CJ14 和 CJ23 为试验区两边的测点，其数值远小于中部测点的沉降值，分别 139mm 和 135mm。

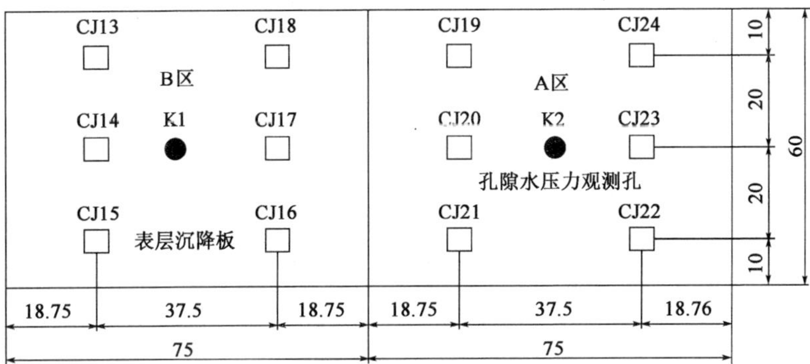

图7.4-5 试验区监测、检测系统平面布置示意图（尺寸单位：m）

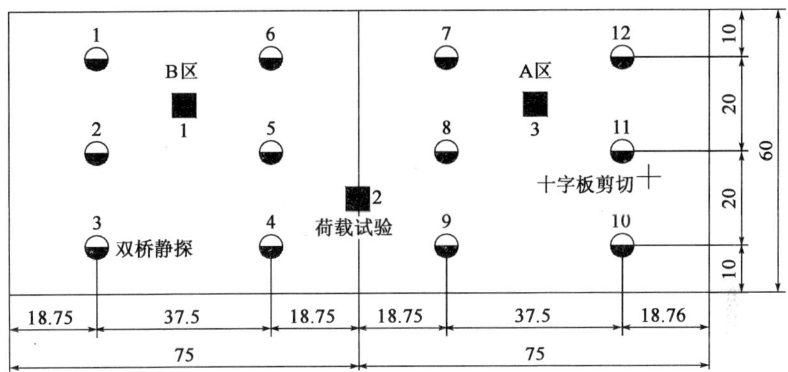

图7.4-6 试验区检测点位布置图（尺寸单位：m）

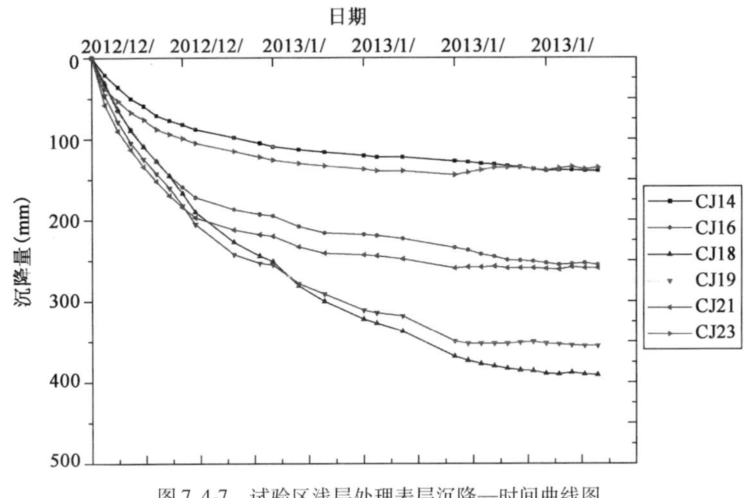

图7.4-7 试验区浅层处理表层沉降—时间曲线图

（2）A 区深层处理沉降

A 区采用“塑料排水板 + 深层真空预压 + 堆载 + 降水 + 动力固结”方案。A 区深层处理期间共埋设表层沉降板 6 个，共观测 363d。沉降—时间曲线见图 7.4-8，观测数据及曲线图未包含塑料排水板施工期及浅层处理施工沉降量。

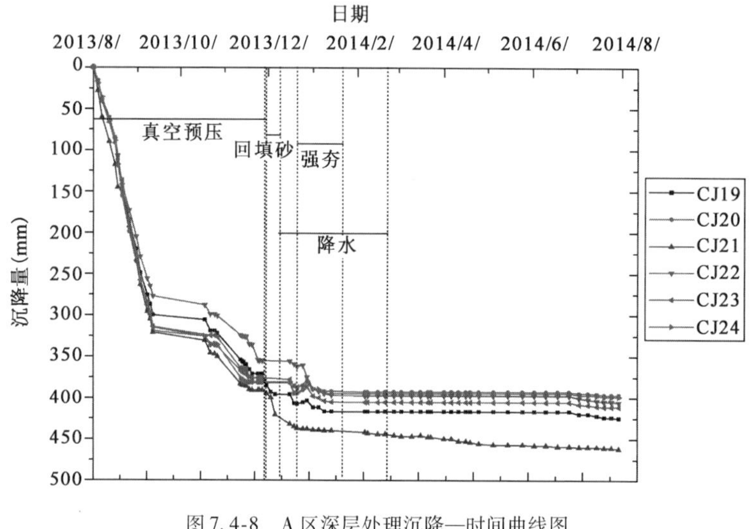

图 7.4-8　A 区深层处理沉降—时间曲线图

由图 7.4-8，A 区 6 个测点深层处理完成的沉降量平均值为 416mm，最大沉降量为 461mm，最小沉降量为 397mm，变异性系数为 0.06。沉降监测点恒载后期沉降速率最大为 0.24mm/d，最小为 0.15mm/d，平均为 0.21mm/d，满足不大于 1mm/d 的卸载要求，沉降已稳定。

考虑 A 区塑料排水板施工沉降及浅层真空预压处理的沉降，A 区交工后的沉降量的平均值为 893mm。塑料排水板及表层真空预压处理施工过程中的沉降量占总沉降量的 53.4%（其中，插打塑料排水板施工沉降占 24.8%，浅层真空预压施工沉降占 28.9%），深层采用“塑料排水板 + 深层真空预压 + 堆载 + 强夯”方案完成的沉降量占总沉降量的 46.6%。强夯期间完成的沉降量的平均值为 23mm，占深层处理沉降的 5.6%。强夯作用相当于超载，减少稳定沉降所需时间，减少工后沉降量。

（3）B 区深层处理沉降

B 区采用“塑料排水板 + 真空联合堆载预压（深层）+ 降水 + 动力固结”方案。B 区深层处理期间共设有表层沉降标 6 个，共观测 363d。沉降—

时间曲线见图 7.4-9，观测数据及曲线图未包含塑料排水板施工期及浅层处理施工沉降量。

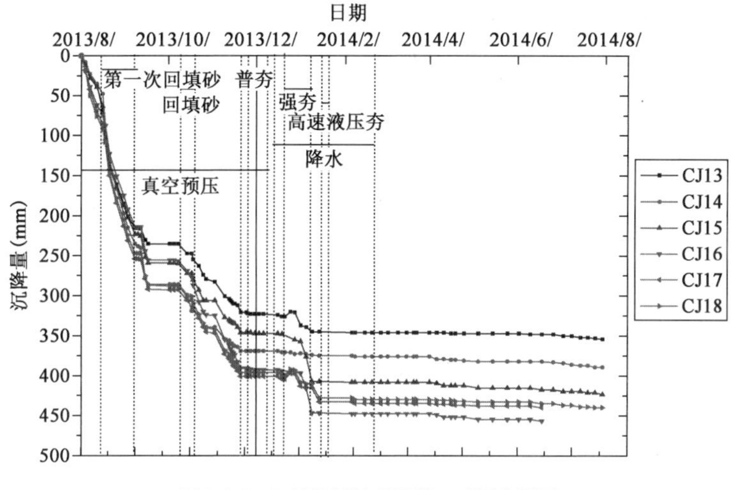

图 7.4-9　B 区深层处理沉降—时间曲线图

由图 7.4-9 知，B 区 6 个测点深层处理完成的沉降量平均值为 417mm，最大沉降量为 457mm，最小沉降量为 354mm，变异性系数为 0.09。沉降监测点恒载后期沉降速率最大为 0.18mm/d，最小为 0.15mm/d，平均为 0.17mm/d，满足不大于 1mm/d 的卸载要求，沉降已稳定。

考虑 B 区塑料排水板施工沉降及浅层真空预压处理的沉降，B 区交工后的沉降量的平均值为 894mm。塑料排水板及表层真空预压处理施工过程中的沉降量占总沉降量的 53.3%（其中，浅层真空预压施工沉降占 29.3%，塑料排水板施工沉降占 25.0%），深层采用“塑料排水板 + 深层真空预压 + 堆载 + 强夯”方案完成的沉降量占总沉降量的 46.7%。

强夯作用：强夯期间完成的沉降量的平均值为 26mm，占深层处理沉降的 6.5%。强夯作用相当于超载，减少稳定沉降所需时间，减少工后沉降量。

7.4.5.2　孔隙水压力监测

B 区布设孔隙水压力计 2 个，分别为 K-1 和 K-2，其变化情况见图 7.4-10。

7.4.5.3　工后沉降分析

工后沉降量采用分层总和法、双曲线法、Asaoka 法计算。根据上述三种工后沉降计算的工后沉降量见表7.4-4。

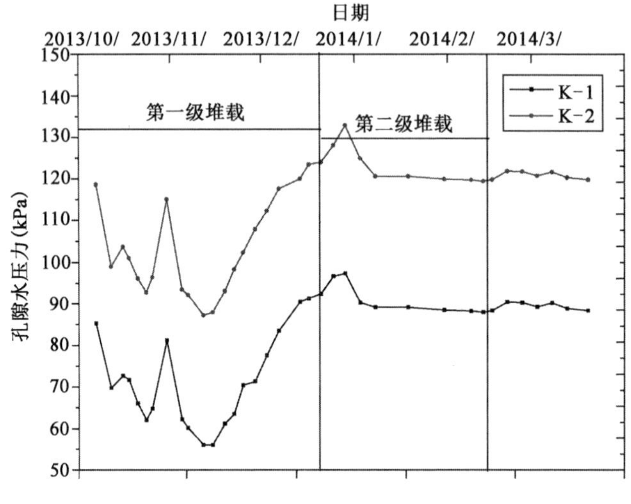

图7.4-10　孔隙水压力变化曲线图

工后沉降对比　　表7.4-4

计算方法	区　号	工后沉降量(mm)	计算方法	区　号	工后沉降量(mm)
分层总和法	A	148	分层总和法	B	142
双曲线法		75	双曲线法		69
Asaoka法		78	Asaoka法		70

通过三种方法对比可知，试验区工后沉降均满足不大于300mm要求。

7.4.5.4　土工试验及原位测试

7.4.5.4.1　土工试验

土工试验具体试验数据见表7.4-5。

试验区土工试验数据对比表　　表7.4-5

试验节点	物理指标						力学指标					
							直接快剪				压缩模量 E_{s1-2} (MPa)	
	含水率(%)		孔隙比		液性指数		内黏聚力 c (kPa)		内摩擦角 φ (°)			
	②$_1$	④$_1$	②$_1$	④$_1$	②$_1$	④$_1$	②$_1$	④$_1$	②$_1$	④$_1$	②$_1$	④$_1$
处理前	58.1	55.1	1.567	1.487	1.71	1.5	8.2	13.2	7.9	9.5	1.56	2.04
处理后	50.7	43	1.317	1.129	1.17	1.2	10	—	26.1	—	2.82	2.92
后较前改变(%)	-12.7	-22.0	-16.0	-24.1	-31.6	-20.0	21.95	—	230.4	—	80.77	43.14

由表 7.4-5 可知，含水率、孔隙比、液性指数、压缩模量均有不同程度的改善，试验区②$_1$层含水率下降 12.7%，④$_1$层下降 22%；试验区②$_1$层压缩模量提高 80.77%，④$_1$层提高 43.14%。根据广东省沿海地区淤泥和淤泥质土试验检测经验，可知试验段试验区②$_1$层承载力特征值可达 70kPa 以上，④$_1$层承载力特征值可达 90kPa 以上。

7.4.5.4.2　标准贯入试验检测

采用标准贯入试验判别砂土液化情况，试验区卸载施工前进行了标贯试验，统计结果见表 7.4-6。

试验区标准贯入试验统计对比表　　表 7.4-6

区号	标贯深度（m）	锤击数	液化判别（公路工程抗震规范）		液化判别（建筑抗震设计规范）		砂土密实判别（岩土工程勘察规范）
			临界值	液化指数	临界值	液化判别	
B	1.0	16	9.67	4.02	6.81	4.26	中密
	3.2	20	11.87		11.49		中密
	7.2	11	15.87		16.59		稍密
	13.0	8	21.67		21.1		松散
A	1.0	13	9.69	1.72	6.83	1.73	稍密
	3.0	18	11.69		11.16		中密
	11.0	12	19.69		19.78		稍密

由表 7.4-6 可知，根据《公路工程抗震规范》(JTG B02—2013) 判别砂土液化公式得出：试验区 4 个贯入点液化指数均满足不大于 8，试验区砂层由中等 ~ 严重液化改变为轻微液化。

通过《建筑抗震设计规范》(GB 50011—2010) 中的公式判别浅层饱和砂土抗液化能力，得出 B、A 区的液化指数分别为 4.26 和 1.73，浅层饱和砂土层液化等级为轻微。

综合以上得出结论：两种计算结果相近，地基已满足处理后粉细砂层和吹填砂层液化指数不大于 8 的要求。

7.4.5.4.3　静力触探检测

静力触探检测得到的锥尖阻力如表 7.4-7 所示。

试验区锥尖阻力对比　　表 7.4-7

区号	点号	地　层	浅表处理后（MPa）	深层处理后（MPa）	工后改变率（%）
A	1	①$_4$	3.07	5.67	84.69
		②$_1$	0.56	0.82	46.43
		④$_1$	0.75	0.76	1.33
	2	①$_4$	2.9	4.48	54.48
		②$_1$	0.56	0.79	41.07
		④$_1$	0.75	0.82	9.33
	3	①$_4$	2.32	4.43	90.95
		②$_1$	0.42	0.58	38.10
		④$_1$	0.77	0.83	7.79
	4	①$_4$	1.47	3.43	133.33
		②$_1$	0.26	0.52	100.00
		④$_1$	0.73	0.85	16.44
	5	①$_4$	2.44	4.73	93.85
		②$_1$	0.3	0.43	43.33
		④$_1$	0.76	0.83	9.21
	6	①$_4$	2.23	4.45	99.55
		②$_1$	0.43	0.63	46.51
		④$_1$	0.68	0.72	5.88
	平均	①$_4$	2.41	4.53	88.43
		②$_1$	0.42	0.63	49.01
		④$_1$	0.74	0.80	8.33
B	7	①$_4$	2.92	6.42	119.86
		②$_1$	0.41	0.61	48.78
		④$_1$	0.78	0.87	11.54
	8	①$_4$	3.36	6.99	108.04
		②$_1$	0.4	0.59	47.50
		④$_1$	0.8	0.89	11.25

续上表

区号	点号	地　　层	浅表处理后（MPa）	深层处理后（MPa）	工后改变率（%）
B	9	①$_4$	3. 45	7	102. 90
		②$_1$	0. 38	0. 57	50. 00
		④$_1$	0. 65	0. 72	10. 77
	10	①$_4$	3. 3	5. 56	68. 48
		②$_1$	0. 29	0. 44	51. 72
		④$_1$	0. 62	0. 73	17. 74
	11	①$_4$	2. 39	4. 45	86. 19
		②$_1$	0. 32	0. 49	53. 13
		④$_1$	0. 8	0. 83	3. 75
	12	①$_4$	1. 73	3. 48	101. 16
		②$_1$	0. 36	0. 52	44. 44
		④$_1$	0. 73	0. 84	15. 07
	平均	①$_4$	2. 86	5. 65	97. 67
		②$_1$	0. 36	0. 54	49. 07
		④$_1$	0. 73	0. 81	11. 42

由表 7. 4-7 可得出如下结论：

A 区的吹填土①$_4$层的锥尖阻力平均达 4. 53MPa，达中密以上状态，平均提高 88. 43%，承载力特征值大于 80kPa；②$_1$ 层的锥尖阻力平均达 0. 63MPa，平均提高 49. 01%，承载力特征值大于 70kPa；④$_1$ 层的锥尖阻力平均达 0. 8MPa，平均提高 8. 33%，承载力特征值大于 80kPa。

B 区的吹填土①$_4$ 层的锥尖阻力平均达 5. 65MPa，达中密以上状态，平均提高 97. 67%，承载力特征值大于 80kPa；②$_1$ 层的锥尖阻力平均达 0. 54MPa，平均提高 49. 07%，承载力特征值大于 70kPa；④$_1$ 的锥尖阻力平均达 0. 81MPa，平均提高 11. 42%，承载力特征值大于 80kPa。

通过土工试验数据对比 A 区、B 区的②$_1$ 层、④$_1$ 层处理后土体强度均有较大提高，差异性较小。①$_4$ 层处理后土体强度均有较大提高，其中 B 区最高，A 区相对较小。

7.4.5.4.4 十字板剪切试验检测

试验区插板施工处理前、施工完成后检测单位分别在软土层中进行十字板剪切试验。为了便于比较分析，十字板剪切试验处理前后位置相同。统计处理前后软土层中十字板抗剪强度指标如表7.4-8所示，表中所列数据为各点十字板剪切强度的平均值，通过统计分析十字板抗剪强度，评价软土地基处理效果。

试验区十字板剪切试验数据对比 表7.4-8

施工节点	剪切强度 C_u	备注
	②$_1$层	
施工前（kPa）	10.2	剪切强度为各钻孔的平均剪切强度
施工后（kPa）	21.4	
增长百分比（%）	109.8	

通过表7.4-8可知，试验区施工后提高到21.4kPa，提升109.8%。

7.4.5.4.5 荷载试验检测

检测单位在试验区进行了3组平板荷载试验，承载板1m×1m。1#点在B区、2#点在A区和B区中间、3#点在A区，P—s曲线见图7.4-11。

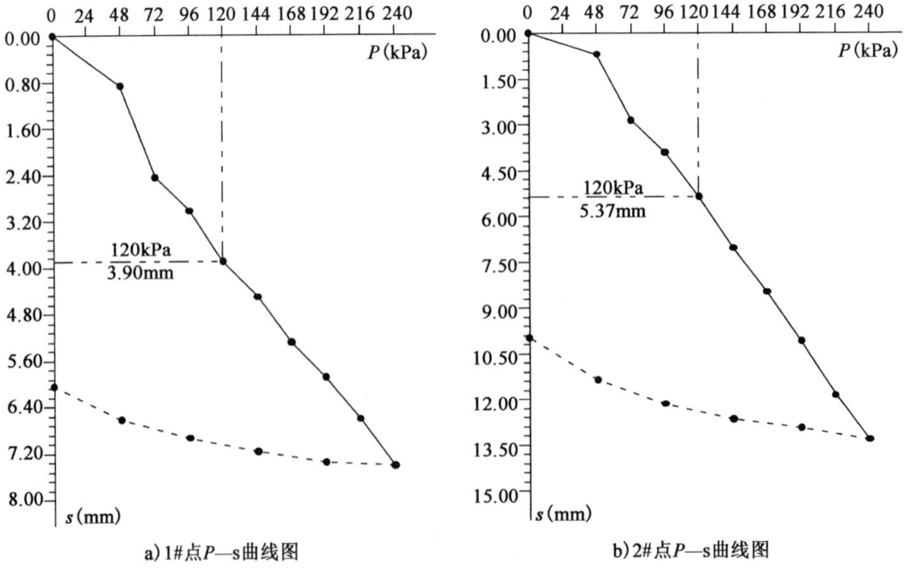

图 7.4-11

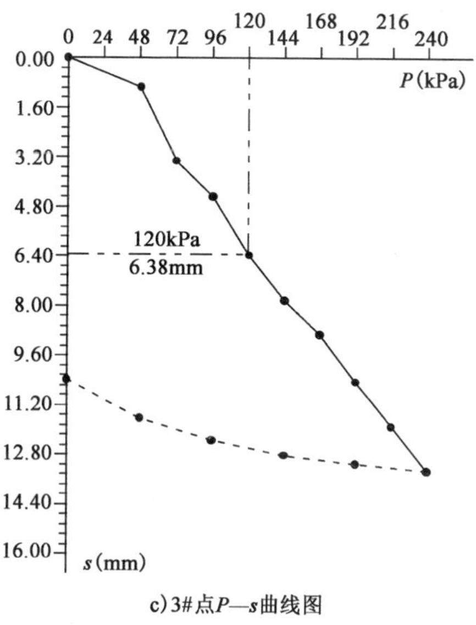

c) 3#点P—s曲线图

图 7.4-11　试验区 P—s 曲线图

由荷载试验可知，当加载至 240kPa 时，土体沉降仍处于直线变形阶段（即压密阶段），说明极限荷载不小于 240kPa，即承载力特征值大于 120kPa，满足设计要求，见表 7.4-9。

荷载试验数据统计　　表 7.4-9

点　　位	最大沉降量（mm）	最大回弹量（mm）	回弹率（%）	承载力特征值（kPa）
1#	7.41	1.37	18.5%	≥120
2#	13.32	3.34	25.1%	≥120
3#	13.34	2.93	22%	≥120
平均	13.33	3.14	23.6%	≥120

7.4.6　试验结果分析

本试验区分两个阶段进行地基处理，即浅层处理和深层处理。各区地基处理效果如下：

（1）经过“浅层真空预压 + 深层静动组合法”处理后，A 区完成总沉降量 893mm，其中浅层真空预压完成总沉降的 53.4%（其中表层真空预压施工沉降占 28.9%，插打塑料排水板施工沉降占 24.8%），深层处理 46.6%；B 区完成总沉降量 894mm，其中浅层真空预压完成总沉降的

54.3%（其中表层真空预压施工沉降占29.3%，插打塑料排水板施工沉降占25.0%），深层处理46.7%。深层处理中强夯作为超载可有效减少工后沉降量；

(2) 表层沉降观测数据表明：监测后期沉降速率平均为0.21mm/d（A区）、0.17mm/d（B区），均满足不大于1mm/d的卸载要求，说明沉降已稳定；根据监测数据及变化曲线，分别采用分层总和法、双曲线法、Asaoka法计算得到工后沉降均小于30cm，满足设计要求；

(3) 标准贯入试验表明：液化指数不大于8，砂层由中等~严重液化改变为轻微液化或液化消除；

(4) 综合土工试验数据、静力触探锥尖阻力和平板荷载试验数据可知，处理后的地基满足荷载不小于240kPa，即承载力特征值大于120kPa，满足设计要求。

7.5 本章小结

(1) 本章针对表层厚泥场地，给出了浅层处理方法——表层真空预压的技术原理，明确了设计思路和设计原则。

(2) 采用现场对比试验的方法，验证了“塑料排水板+深层真空预压+堆载+降水+动力固结”方案和“塑料排水板+真空联合堆载预压（深层）+降水+动力固结”方案的处理效果。

①浅表处理后满足后续深层处理提供施工作业面的需要，满足设计要求，浅层真空预压有效工期67d。

②A区深层处理有效工期为211d，B区深层处理有效工期为172d。两小区在满足地基处理要求下，B区地基处理的有效工期比A区缩短18%，因此B区采用的处理工艺更为合理。

第 8 章　动力排水固结动力特性试验研究

8.1 引　　言

静动组合排水固结法是通过地基土体的排水条件并联合静力排水固结法和强夯法，可解决吹填土不均匀沉降、沉降量大、工期要求严、地基承载力要求高等问题。但由于各类地基土的工程性质的不同，国内外对于动力排水固结的加固机理研究，至今也尚未取得令人满意的结果，因此很难建立系统的动力排水固结加固理论。本章主要通过现场和室内强夯动力特性试验，研究在强夯振动作用下，夯沉量与夯击数的关系；强夯能量的衰减规律及动力响应规律等。

8.2 动力排水固结动力特性现场试验

8.2.1 工程背景

汕头市政基础设施建设项目软基处理试验段工程 2-2 区、3 区施工均采用堆载降水预压强夯联合法加固软土路基。2-2 区场地典型土层剖面图、土层特性参数和设计参数详见本书第 4 章相关内容。

2-2 区动力特性测试在第一级堆载后进行点夯施工过程中进行。点夯锤重 18.76t，锤底直径 2.5m，落距 13.33m，单夯夯击能 2500kN · m，行间距 7.0m × 7.0m。

汕头东部城市经济带市政工程软基处理项目试验 3 区，地质情况如图 8.2-1所示，场地主要拟处理地层分布如表 8.2-1 所示，物理力学性质指标见表 8.2-2。

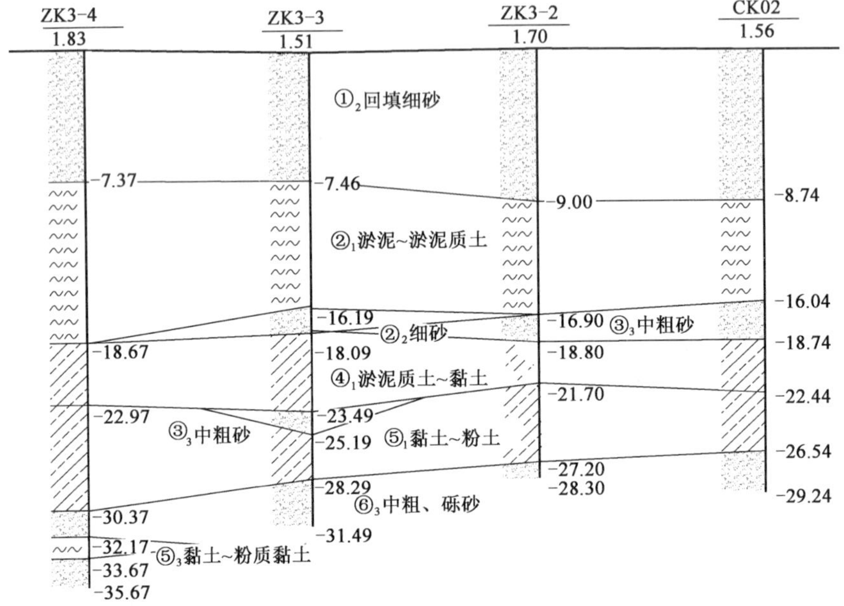

图 8. 2-1　3 区典型工程地质剖面图

3 区 地 层 分 布　　表 8. 2-1

名　　称	厚度（m）	地 层 特 性
①$_2$细砂	8. 9 ~ 10. 7	黄灰色，湿 ~ 饱和，松散 ~ 稍密，颗粒级配不良，局部含少量黏粒，见少量贝壳碎，部分区域分布
②$_1$淤泥 ~ 淤泥质土	7. 3 ~ 11. 3	灰色，饱和，流塑，稍具臭味，含少量贝壳碎屑，夹多层 1 ~ 5mm 粉细砂层，局部上段为砂夹淤泥或淤泥质夹砂，为低强度、高压缩性软土
②$_2$细砂	1. 9	仅 ZK3 – 3 孔见到
③$_3$中粗砂	0 ~ 2. 73	仅东段 75m 可见，灰白色，饱和，中密，修正后标贯击数为 13. 4 击
④$_1$淤泥质土 ~ 黏土	2. 9 ~ 5. 4	灰 ~ 灰白色，饱和，可塑
⑤$_1$粉土 ~ 粉质黏土	1. 1 ~ 8. 4	饱和，可塑，局部混砂或粉质土混砂

3 区物理力学性质指标　　表 8. 2-2

土 层 名 称	w (%)	ρ (g/cm^3)	e	I_P	I_L	c_q (kPa)	φ_q (°)	E_{s1-2} (MPa)	a_{v1-2} (MPa^{-1})	N' (击)
①$_2$细砂		1. 79								8. 0
②$_1$淤泥 ~ 淤泥质土	60. 35		1. 671					2. 29		0. 9

续上表

土层名称	w (%)	ρ (g/cm^3)	e	I_P	I_L	c_q (kPa)	φ_q (°)	E_{s1-2} (MPa)	a_{v1-2} (MPa^{-1})	N' (击)
②$_2$细砂		1.84								7.5
④$_1$淤泥质土～黏土	54.6	1.64	1.547	18.8	1.54	8.3	2.2	2.174	1.215	0.7
⑤$_1$粉土～粉质黏土	28.6	1.93	0.828	13.6	0.59	33.7	3.2	7.480	0.350	6.9

3区场地土层情况：

（1）地层上部为①$_2$层回填细砂，下伏②$_1$层淤泥～淤泥质土，总体呈黏性土层和砂层互层结构，沉积软土的分布性状和厚度差异很大，结构复杂；

（2）②$_1$层淤泥厚度和埋深较大，具有高含水率、大孔隙比、高压缩性、低承载力等特性，在长期荷载作用下会有较大压缩及不均匀沉降，对路基稳定性造成很大影响；

（3）②$_1$层以上的吹填砂层为中等～严重液化，需要采取必要措施对砂层进行处理。

3区采用“吹填堆载降水预压强夯联合法”方案。先平整场地、回填砂层，再打设塑料排水板并在场地中线布设降水管井、场地四周布设截水管井。然后进行第一级堆载，第一级堆载完成后进行两遍普夯及两遍点夯，之后第二级堆载，第二级堆载完成后进行第三遍普夯、第三遍点夯及满夯，最后进行振动碾压。主要设计参数见表8.2-3。

3区主要设计参数　　表8.2-3

项　　目	设计参数
塑料排水板	采用SPD－B型塑料排水板，间距1m×1m，排水板长度达②$_1$层底板，平均深度为22m
管井	管井材料为ϕ300波纹管，降水井场地中心线两侧距离12m布设，纵向间距18m，场地四周截水井沿边线按照10m间距布设，井底穿过吹填砂层进入淤泥层1m，井口高出堆载面0.3m。管井井身按照间距20cm开孔，共5排。管井井壁外侧回填0.1m厚中粗砂作为滤水层。 堆载前开始降水施工，截水井及降水井内水位控制在井底处，堆载、强夯、恒载、振动碾压期间24h持续降水，碾压完成并且沉降稳定后停止降水施工
堆载	第一级堆载厚度为1.3m，第二级堆载厚度为2.1m

续上表

项　　目	设 计 参 数
强夯	普夯三遍，单击能 1000 ~ 1500kN · m，每点 2 击；第一遍点夯单击能 1800 ~ 2000kN · m，每点 5 ~ 6 击，4.5m × 4.5m 正方形布设；第二遍点夯单击能 2400 ~ 2800kN · m，每点 6 ~ 8 击，4.5m × 4.5m 正方形布设，在第一遍夯点间跳打。施工中增加第三遍点夯单击能 2400 ~ 2800kN · m，每点 6 ~ 8 击，4.5m × 4.5m 正方形布设。满夯单击能 1000 ~ 1200kN · m，每点 2 击，1/4 锤印搭接
卸载	恒载，待沉降稳定后卸载至交工面以上，并预留振动碾压沉降量
平整场地、振动碾压	平整场地、振动碾压 4 ~ 5 遍

3 区场地动力特性测试在第一级堆载后进行点夯施工过程中进行。点夯夯锤重：18.76t，落距：13.35m，夯锤直径 2.4m，夯击能 2500kN · m，行间距 4.5m × 4.5m。

8.2.2　动力排水固结动力特性试验方案

8.2.2.1　2-2 区场地现场试验方案

将强夯区域按强夯间距化成 7.0m × 7.0m 的网格，网格节点为夯点，将加速度拾振器安放在填土表面，加速度拾振器的布置如图 8.2-2 所示。现场测试动力特性试验主要内容如下：

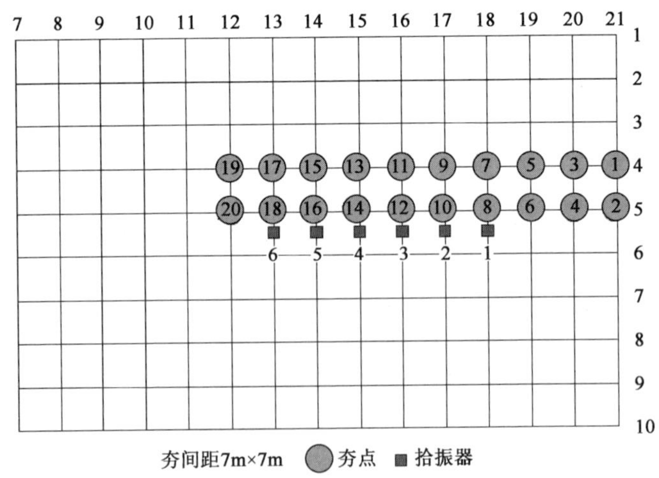

图 8.2-2　2-2 区加速度拾振器布置图

(1) 强夯时各夯点的夯沉量测试及其规律分析；

(2) 强夯时测点的加速度时程曲线测试，通过谱分析获得强夯作用时的2-2区场地的振动主频，对时程曲线进行分析，获得强夯作用时对场地的水平影响范围。

8.2.2.2　3区场地现场试验方案

将场地按强夯间距化成4.5m×4.5m的网格，网格节点为夯点，将加速度拾振器安放在填土表面和地表下不同深度，加速度拾振器的布置如图8.2-3所示。现场测动力特性试验主要内容如下：

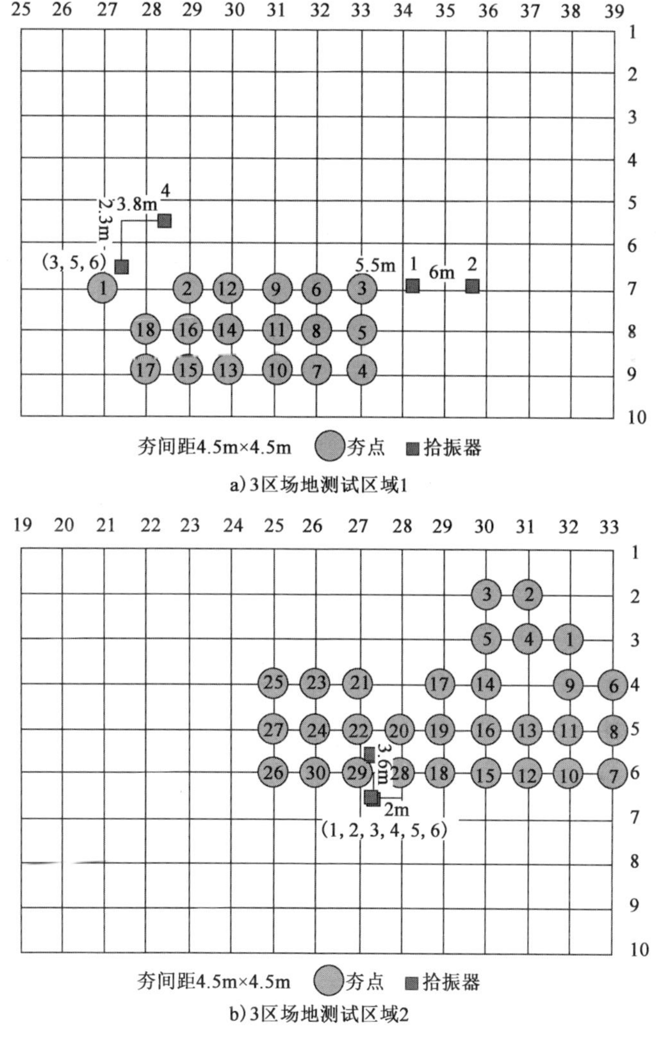

a) 3区场地测试区域1

b) 3区场地测试区域2

图8.2-3　3区加速度拾振器布置图

（1）强夯时各夯点的夯沉量测试及其规律分析；

（2）强夯时测点的加速度时程曲线测试，通过谱分析获得强夯作用时的3区场地的振动主频，对时程曲线进行分析，获得强夯作用时3区的水平和竖向影响范围。

8.2.3 试验实施

现场动力特性试验采用加速度传感器和G01USB32数据采集分析系统进行土体动力响应测试试验。夯锤对地基土冲击时，地基土的频率约为几到十几赫兹，夯锤的频率在高频范畴，夯锤底部及其附近的最大加速度大约为$20g \sim 50g$，因此选择压电式加速度传感器，在秦皇岛协力科技有限公司定做，加速度传感器的量程分别为$80g$、$50g$、$30g$，信号采集系统选择由中国地震局工程力学研究所生产的G01USB32数据采集分析系统，该系统包括采集仪和软件两个部分，采集仪为16位、USB总线、最高采样率可达到400kHz的32通道的数据采集仪器。

8.2.4 现场动力特性试验结果分析

8.2.4.1 夯沉量与夯击数的关系

8.2.4.1.1 2-2区场地夯沉量与夯击数的关系

图8.2-4和图8.2-5分别为2-2区场地测试区域内夯沉量、累积夯沉量云图。

由图8.2-4和图8.2-5可以看出，当单夯夯击能一定时，各击夯沉量很大，累积夯沉量在60～130cm之间，说明处理场地的土性很不均匀，累积夯沉量大的位置，土性差。第一击夯沉量在20～34cm之间，最后一击夯沉量在2～14cm之间。

图8.2-6为2-2区测试区域内各测点累积夯沉量与夯击数的拟合曲线。拟合函数为过原点的双曲线函数：

$$s = \frac{P_1 x}{P_2 + x} \tag{8.2-1}$$

式中：s——累积夯沉量，cm；

x——锤击数；

P_1、P_2——拟合参数。

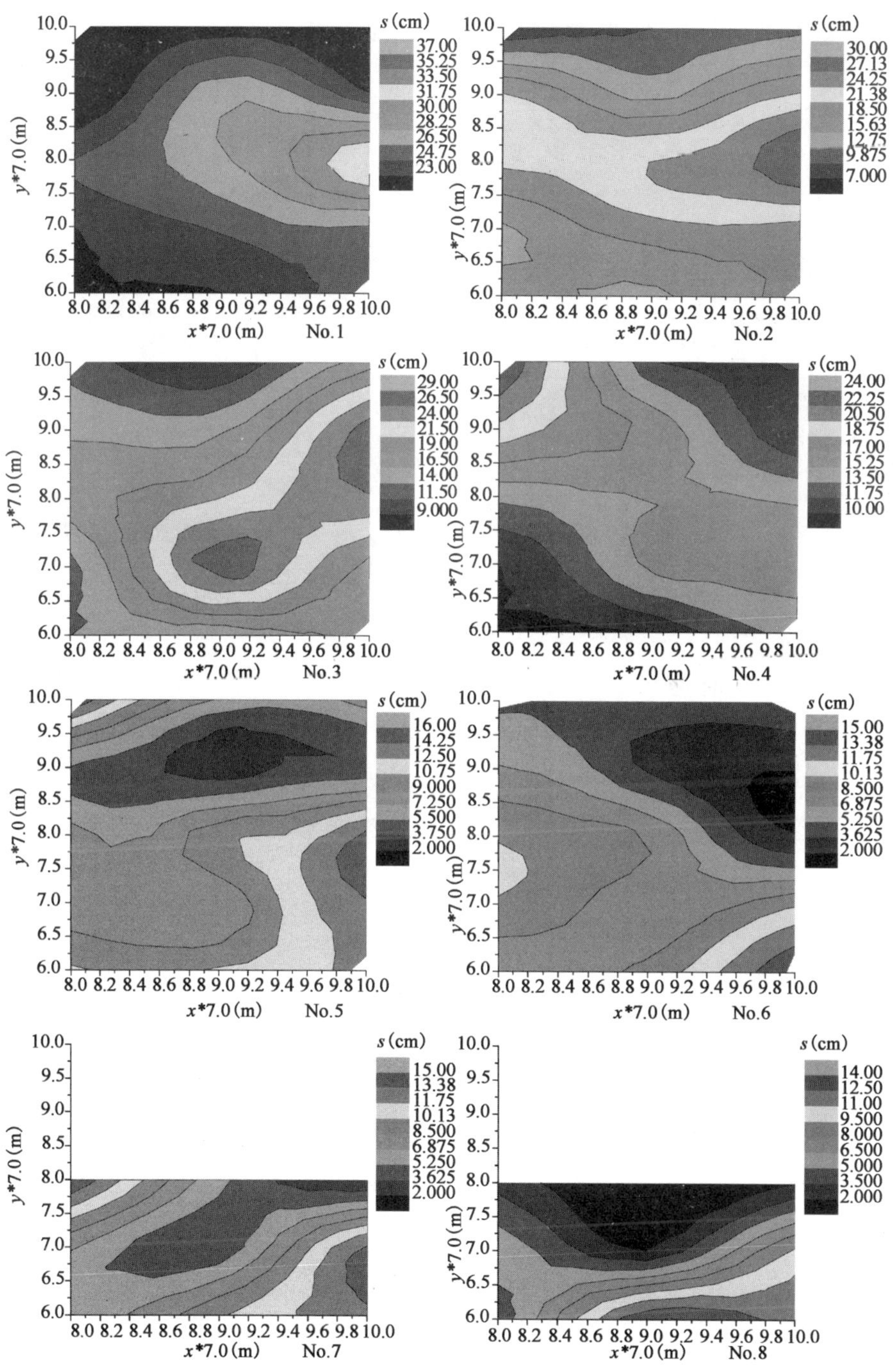

图 8.2-4 2-2 区场地测试区域内夯沉量云图

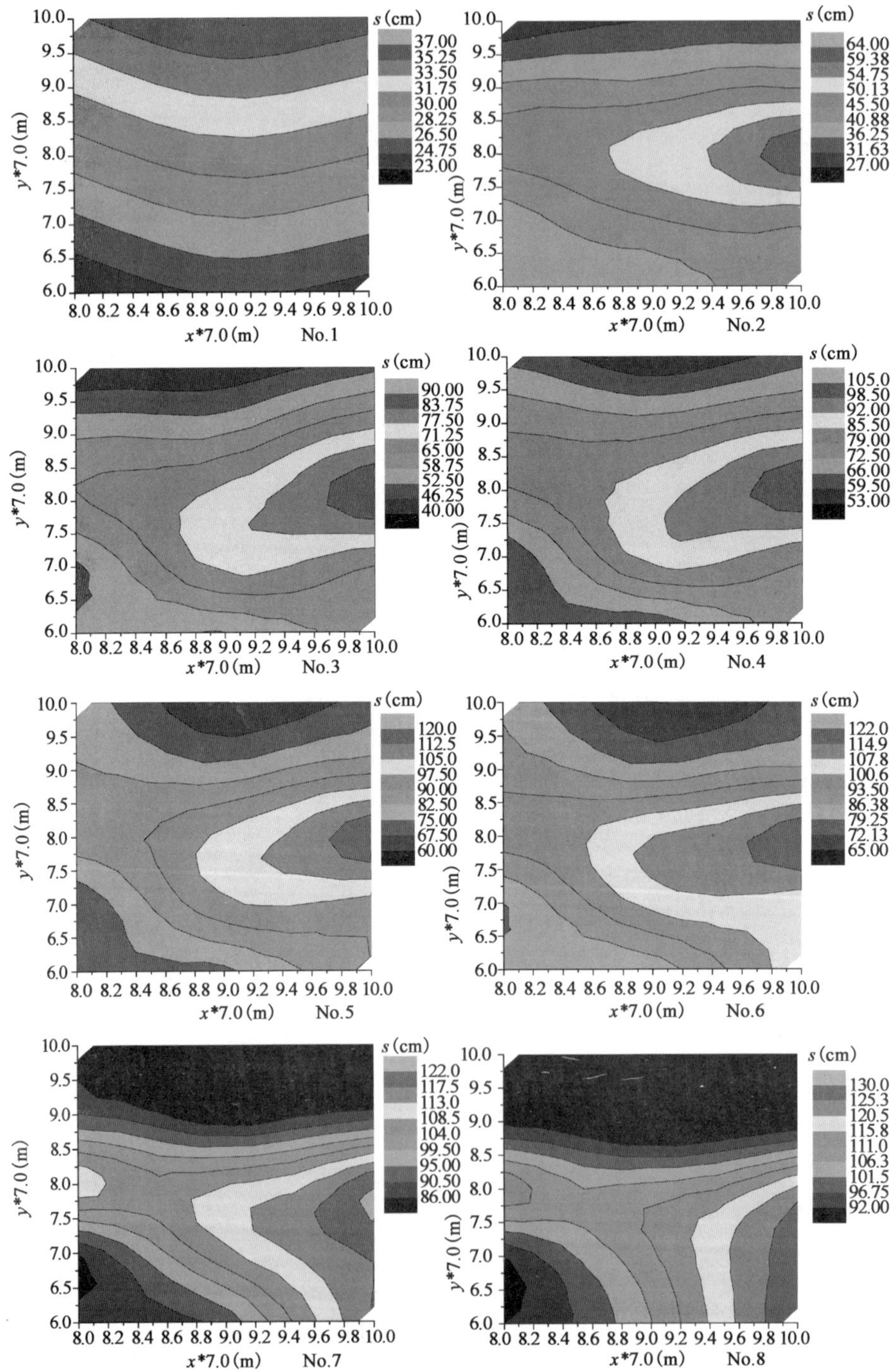

图 8.2-5　2-2 区场地测试区域内累积夯沉量云图

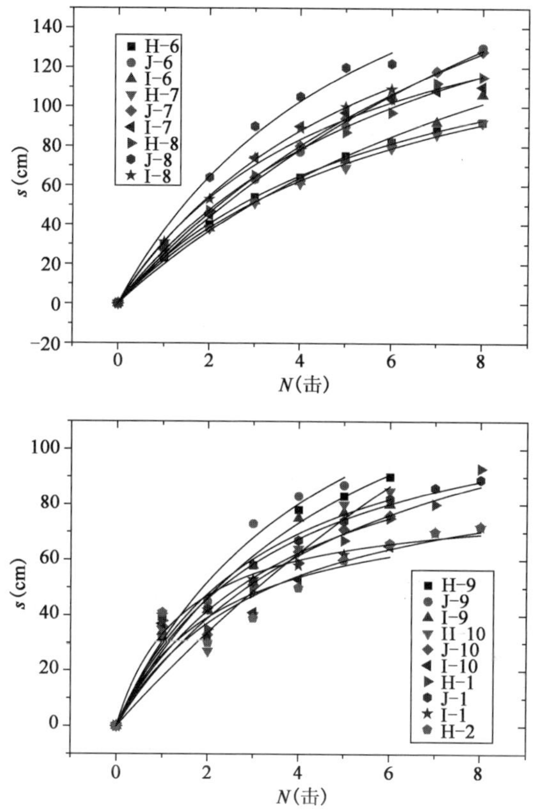

图 8. 2-6　2-2 区累积夯沉量与夯击数的拟合曲线

拟合参数 P_1、P_2 如表 8. 2-4 所示。由表 8. 2-4 可知，拟合曲线的相关系数除个别测点外均大于 0. 95，说明实测点与拟合曲线拟合度很好，测点的累积夯沉量随夯击数按双曲线函数增加而增加。

2-2 区场地累积夯沉量 s(cm) 与夯击数 x 拟合曲线的拟合参数　表 8. 2-4

测点		H－6	J－6	I－6	H－7	J－7	I－7	H－8	J－8	I－8
拟合参数	P_1	164. 613	362. 553	246. 473	167. 454	307. 534	186. 510	219. 351	249. 931	222. 652
	P_2	6. 148	14. 568	11. 437	6. 749	11. 363	4. 951	7. 212	5. 741	6. 150
相关系数		0. 99941	0. 99866	0. 99155	0. 99555	0. 99913	0. 98304	0. 99648	0. 98903	0. 9992
测点		H－9	J－9	I－9	H－10	J－10	I－10	H－1	J－1	I－1
拟合参数	P_1	174. 863	174. 589	127. 771	395. 492	125. 367	84. 990	145. 839	127. 555	81. 902
	P_2	5. 543	4. 704	3. 359	21. 392	4. 028	2. 333	5. 483	3. 553	1. 475
相关系数		0. 98442	0. 97873	0. 97782	0. 90333	0. 94124	0. 89505	0. 94129	0. 96851	0. 97214

拟合参数：$P_1=\lim\limits_{x\to\infty}s=\lim\limits_{x\to\infty}\dfrac{P_1x}{P_2+x}$，即为累积夯沉量的极限值。

表8.2-4为2-2区场地累积夯沉量 s(cm)与夯击数 x 拟合曲线的拟合参数，2-2区场地各测点拟合曲线的极限值 P_1 在81.9～362.5之间，P_2 在1.47～11.45之间。

8.2.4.1.2　3区场地夯沉量与夯击数的关系

图8.2-7和图8.2-8为3区场地测试区域内夯沉量累积夯沉量云图；图8.2-9为3区场地测试区域内各测点累积夯沉量与夯击数的拟合曲线。

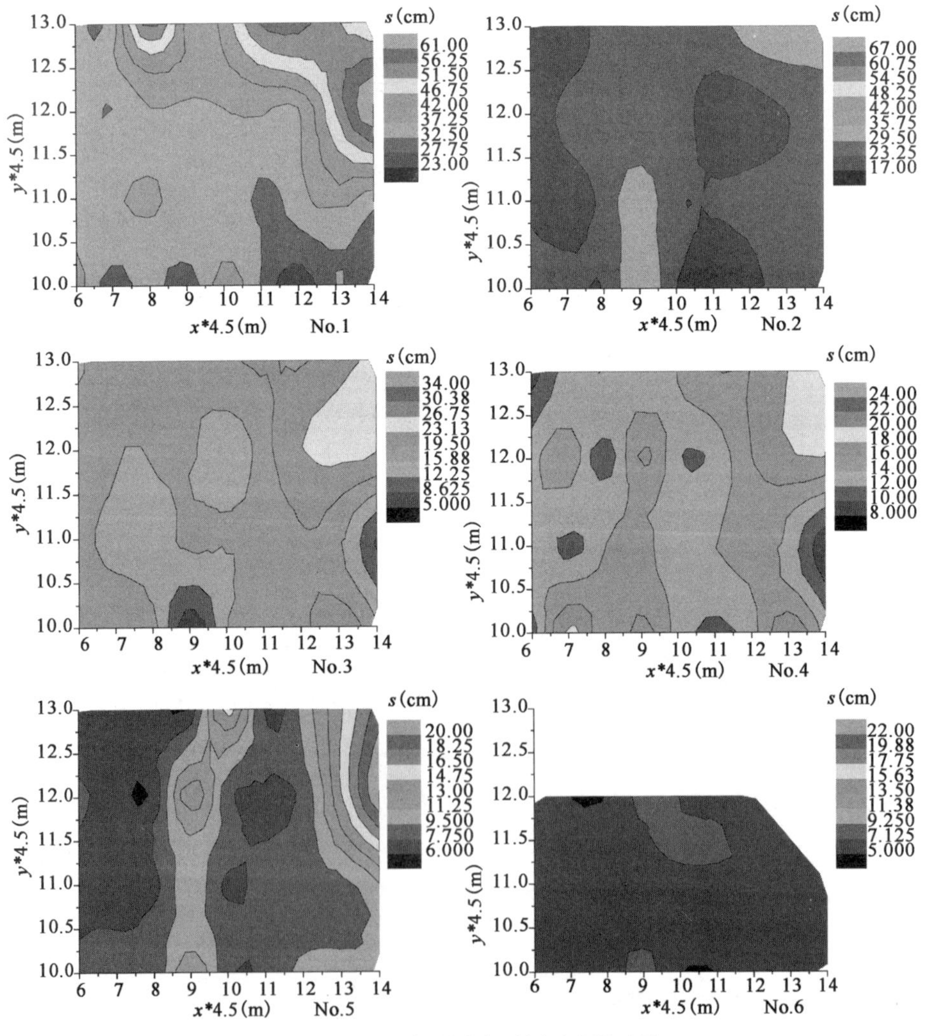

图8.2-7　3区场地测试区域内夯沉量云图

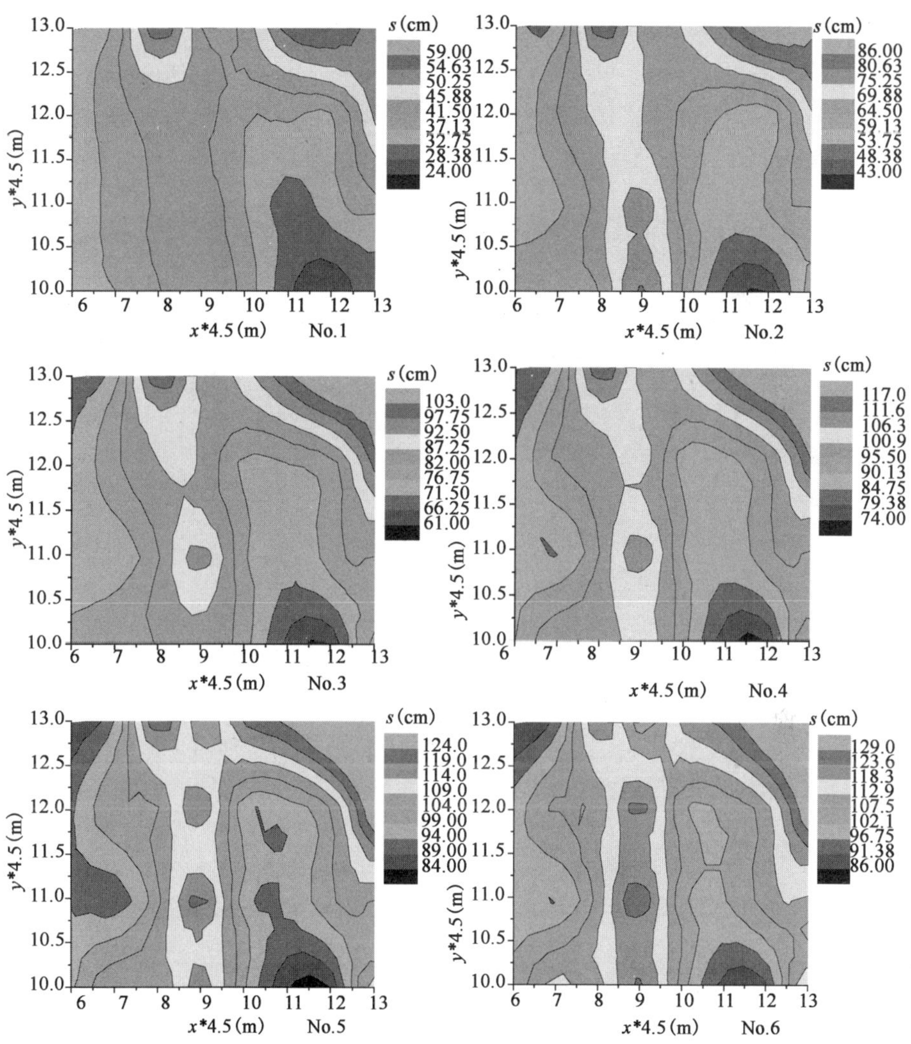

图 8.2-8　3 区场地测试区域内累积夯沉量云图

拟合函数为过原点的双曲线函数：

$$s = \frac{P_1 x}{P_2 + x} \tag{8.2-2}$$

式中：s——累积夯沉量，cm；

x——锤击数；

P_1、P_2——拟合参数。

拟合参数 P_1、P_2 如表 8.2-5 所示。由表 8.2-5 知，拟合曲线的相关系数除个别测点外均大于 0.99，说明实测点与拟合曲线拟合度很好，测点的累积夯沉量随夯击数按双曲线函数的增加而增加。

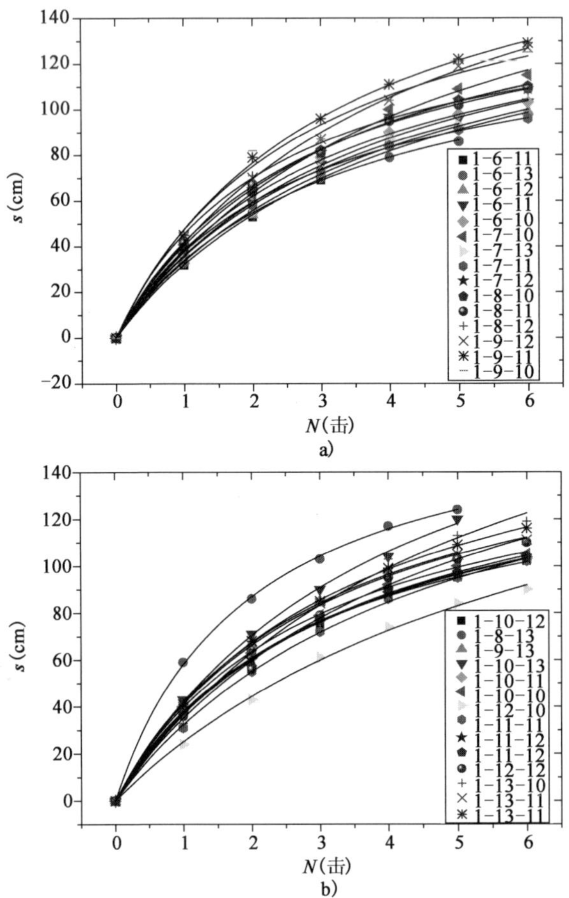

图 8.2-9　3 区场地累计夯沉量 s（cm）与夯击数 x 的拟合曲线

由表 8.2-5 看出，3 区场地累积夯沉量 s（cm）与夯击数 x 拟合曲线的拟合参数，3 区场地各测点拟合曲线的极限值 P_1 在 158.8～231.2 之间，P_2 在 1.99～6.82 之间。

3 区累积夯沉量 s(cm) 与夯击数 x 拟合曲线的拟合参数　　表 8.2-5

测点		1-6-11	1-6-13	1-6-12	1-6-11	1-6-10	1-7-10	1-7-13	1-7-11	1-7-12	1-8-10
拟合参数	P_1	168.819	141.484	166.085	166.323	158.900	203.000	158.420	139.598	169.668	170.442
	P_2	4.264	3.164	3.959	3.615	3.126	4.395	3.444	2.702	3.199	3.220
相关系数		0.99836	0.99935	0.9989	0.99927	0.99834	0.99786	0.9959	0.99924	0.99846	0.99929

续上表

测点		1-8-11	1-8-12	1-9-12	1-9-11	1-9-10	1-10-12	1-8-13	1-9-13	1-10-13	1-10-11
拟合参数	P_1	160.088	152.079	214.730	199.254	181.493	152.606	173.529	170.538	215.183	158.369
	P_2	2.821	2.344	4.167	3.200	2.837	3.009	1.996	3.075	4.109	3.198
相关系数		0.99946	0.99828	0.99808	0.9988	0.98975	0.99893	0.99943	0.99897	0.99872	0.99969
测点		1-10-10	1-12-10	1-11-11	1-11-12	1-11-12	1-12-12	1-13-10	1-13-11	1-13-11	
拟合参数	P_1	158.879	196.220	183.427	160.260	164.810	198.742	231.189	171.736	182.676	
	P_2	2.996	6.824	4.673	3.327	3.468	4.660	5.323	3.184	3.410	
相关系数		0.99953	0.99799	0.99925	0.99995	0.99727	0.99633	0.99546	0.99938	0.99986	

8.2.4.2 土层抗力与夯击数的关系

土层抗力也就是土层抵抗变形的能力，定义为：完成单位夯沉量所需要的单位面积上的单击夯夯击能，则有：

$$p = \frac{E}{As} \tag{8.2-3}$$

式中：p——土层抵抗变形的抗力，kN/m^2；

E——单夯夯击能，kN · m；

A——夯锤底面积，m^2；

s——夯沉量，m。

图 8.2-10 为 2-2 区场地测试区域内土层抗力云图，土层抗力 p 值越大，土层抵抗变形的能力越大，随着夯击次数的增加，夯锤下土层压密，土层抵抗变形的能力增强。用最后一击土层抵抗变形能力参数可以衡量土层的均匀性。

图 8.2-11 为 3 区场地测试区域内土层抗力云图，土层抗力 p 值越大，土层抵抗变形的能力越大，随着夯击次数的增加，夯锤下土层压密，土层抵抗变形的能力增强。用最后一击土层抵抗变形能力参数可以衡量土层的均匀性。第 1 击 p 在 760.5 ~ 2123.2kN/m^2 之间，第 2 击在 1498.7 ~ 2830.6kN/m^2 之间；第 3 击在 2123.142 ~ 6369.427kN/m^2 之间；第 4 击在 2547.771 ~ 6369.427kN/m^2 之间；第 5 击在 2316.155 ~ 8492.5697kN/m^2 之间；第 6 击在 7279.345 ~ 10191.087kN/m^2 之间。随着夯击数的增加，土层抗力逐渐增加。

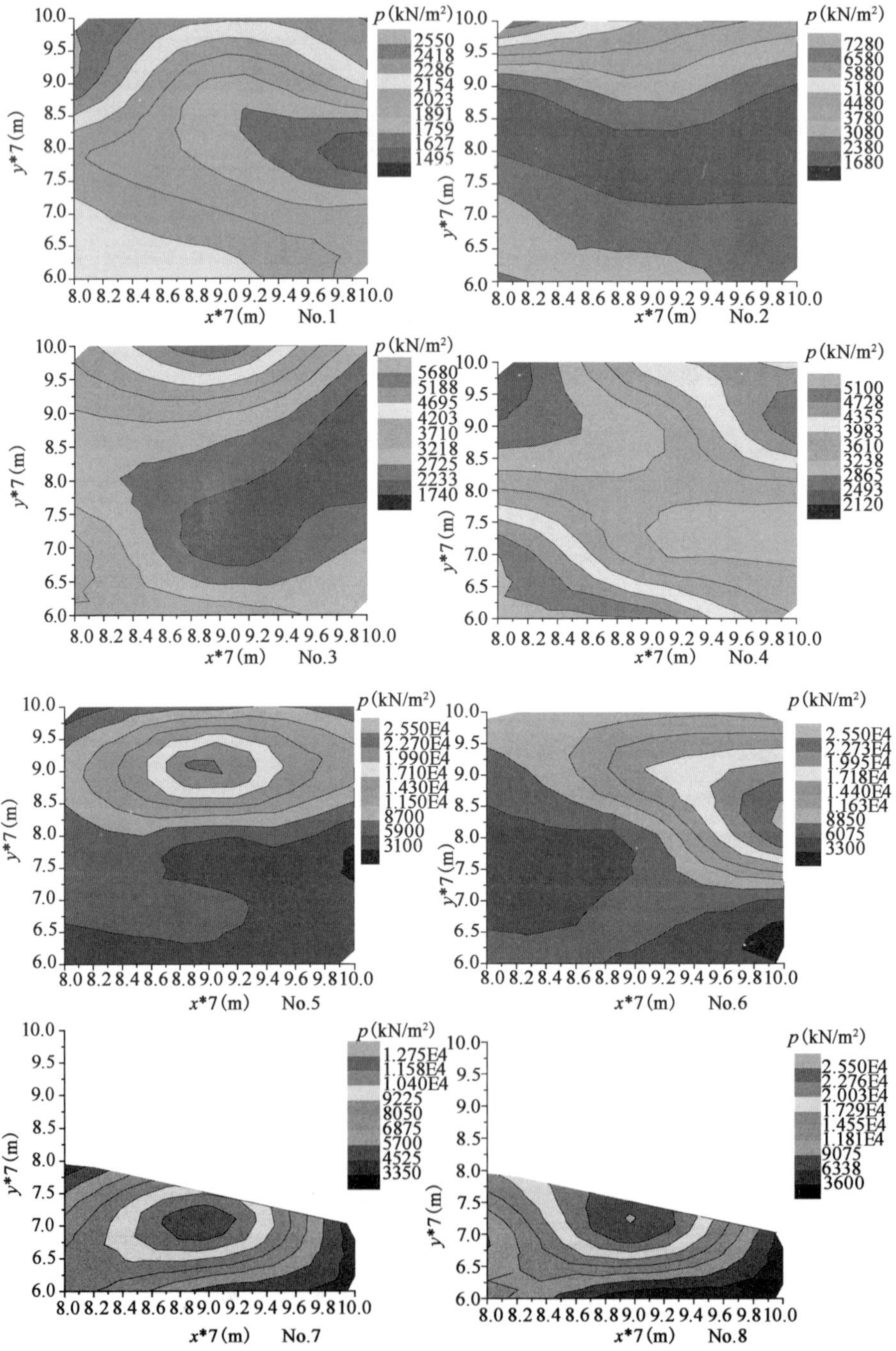

图 8.2.10　2-2 区场地测试区域内土层抗力云图

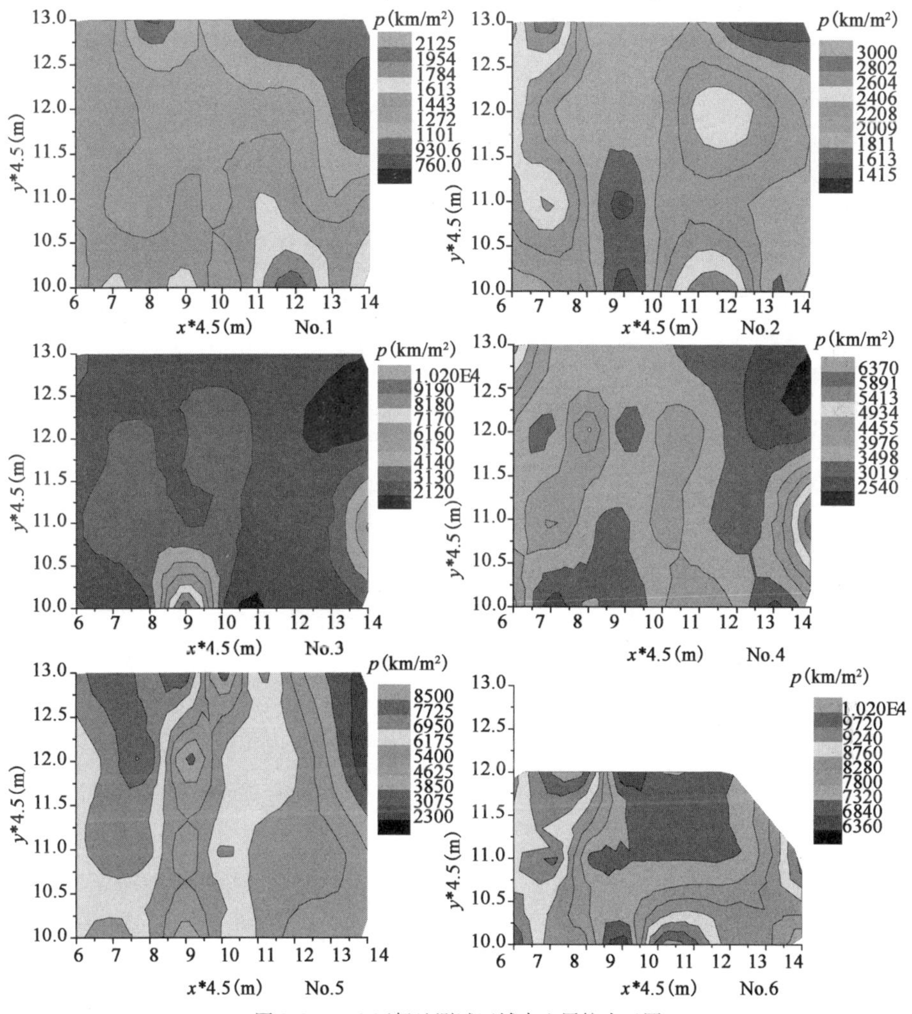

图 8. 2-11　3 区场地测试区域内土层抗力云图

8. 2. 4. 3　强夯振动时间持续时间

在 2500kN · m 能级下强夯加固软土地基引起的振动与爆破震动类似。图 8. 2-12 为 2-2 区测试区域振动作用时间随夯点到测点的距离的变化图，图 8. 2-13 为 2-2 区测试区域内夯点的平均作用时间随夯点到测点的距离的变化；图 8. 2-14 为 3 区场地测试区域内水平振动作用时间云图。

由 8. 2-12 ~ 图 8. 2-14 可知，除个别测点外水平振动作用时间大于竖向振动作用时间，振动作用时间随夯点距测点的距离的增加而增加，但增加的幅值不大。

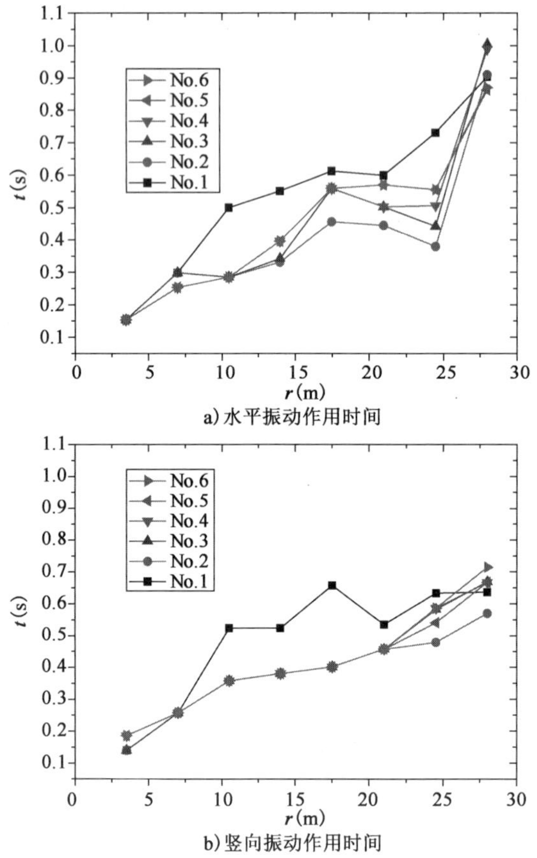

a)水平振动作用时间

b)竖向振动作用时间

图 8.2-12　2-2 区场地测试区域内振动作用时间与夯点到测点距离关系

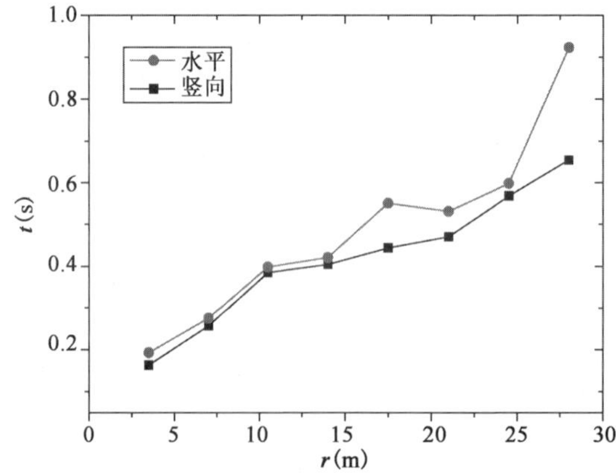

图 8.2-13　2-2 区场地测试区域内各夯点振动作用平均时间与夯点到测点距离关系

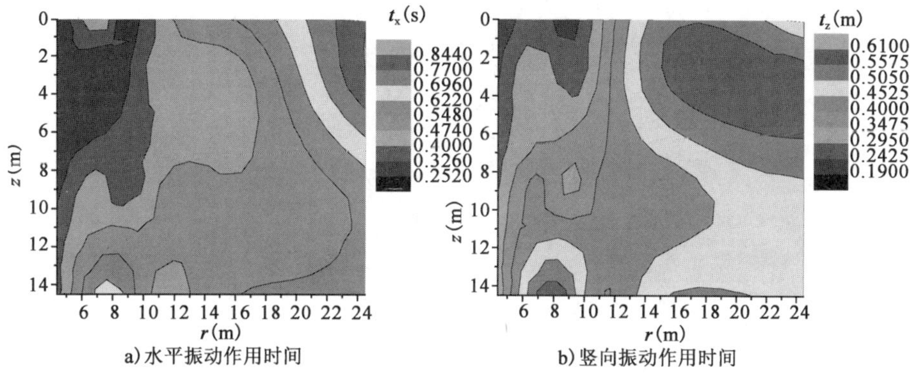

图 8.2-14　3 区场地测试区域内水平振动作用时间云图（$r \sim z$ 平面）

2-2 区水平振动持续时间在 0.15 ~ 1.004s 之间，竖向方向振动持续时间在 0.140 ~ 0.71s 之间。3 区水平振动持续时间在 0.25 ~ 0.85s 之间，竖向方向振动持续时间在 0.19 ~ 0.61s 之间。

当夯击能一定时，振动持续时间的长短与夯击点到测点的距离，夯击点与测点之间的土层的性质有关。.

8.2.4.4　强夯振动主频分析

图 8.2-15 和图 8.2-16 为 2-2 区场地测试区域内测点的水平振动主频和竖向振动主频云图。振动主频仅与土层特性有关与振动的能量无关。

由图 8.2-15 和图 8.2-16 可知，测试区域内主频与夯击数有关，夯击后土性发生了改变，振动主频也发生变化，但变化不大。水平振动主频 4.8 ~ 16.3Hz；竖向主频 4.7 ~ 23.6Hz。

图 8.2-17 ~ 图 8.2-22 为不同测点、不同深度处振动主频云图。

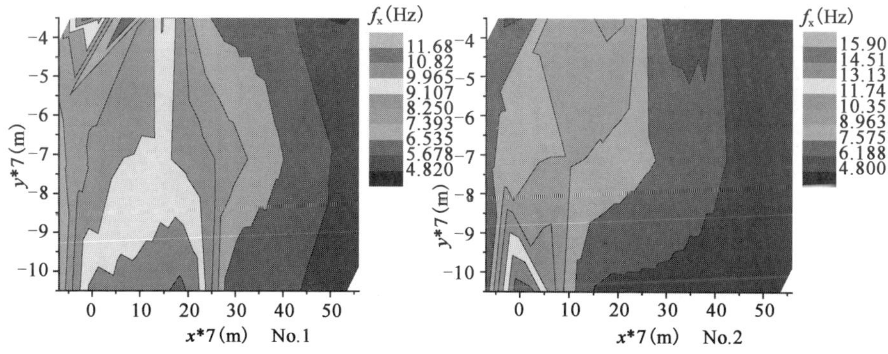

图　8.2-15

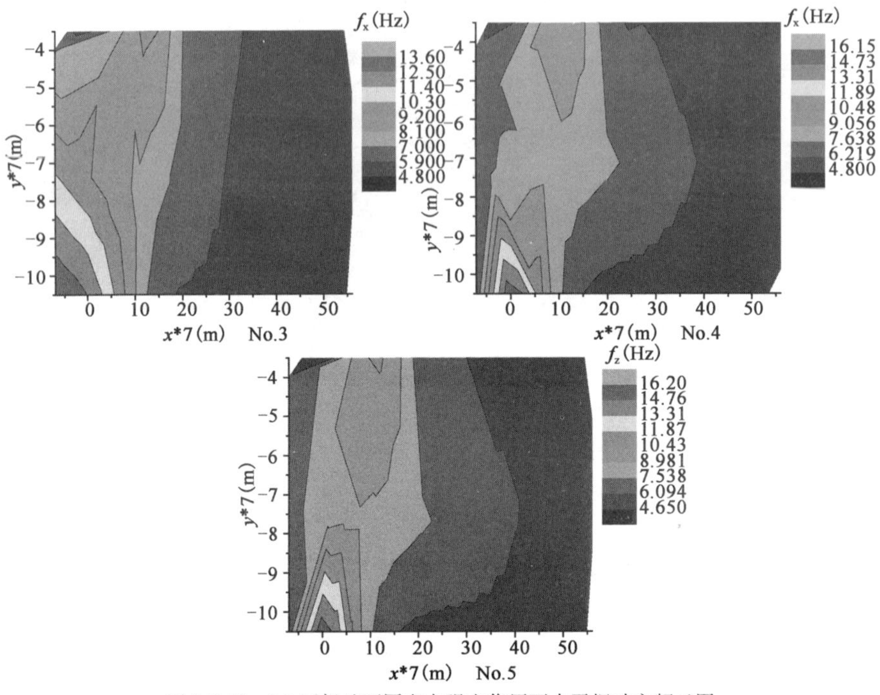

图 8.2-15　2-2 区场地不同夯点强夯作用下水平振动主频云图

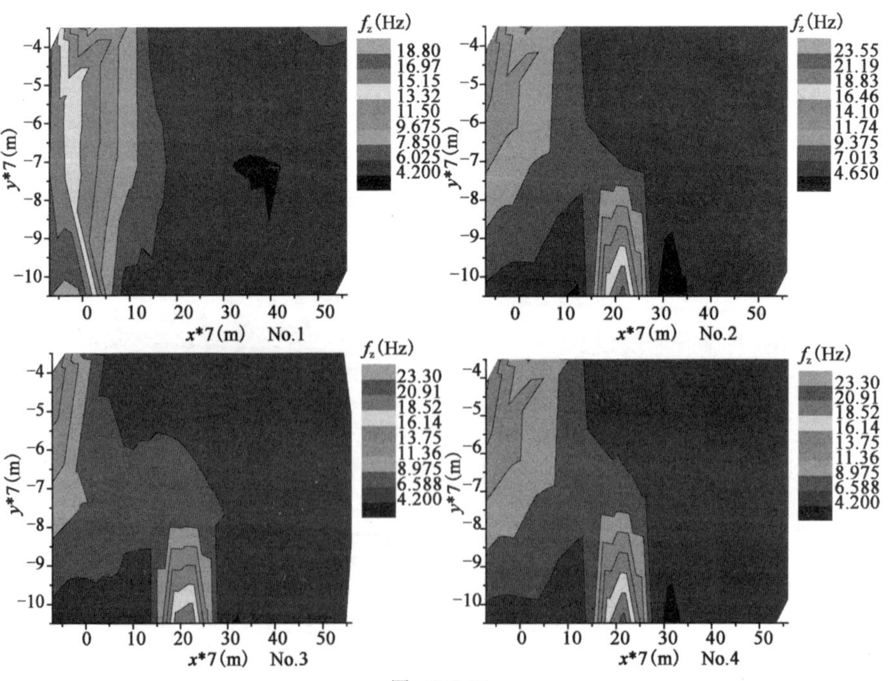

图　8.2-16

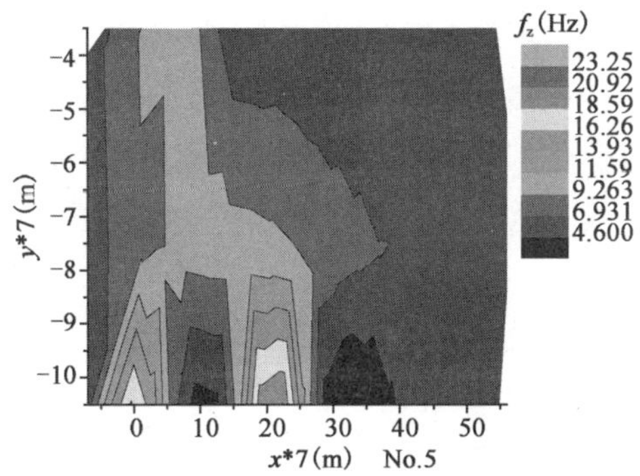

图 8.2-16　2-2 区场地不同夯点强夯作用下竖向振动主频云图

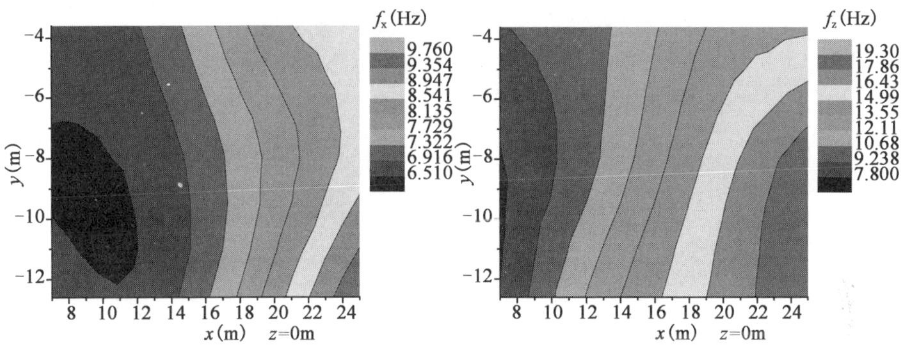

图 8.2-17　3 区场地测试区域拾振器 No. 1 测试结果

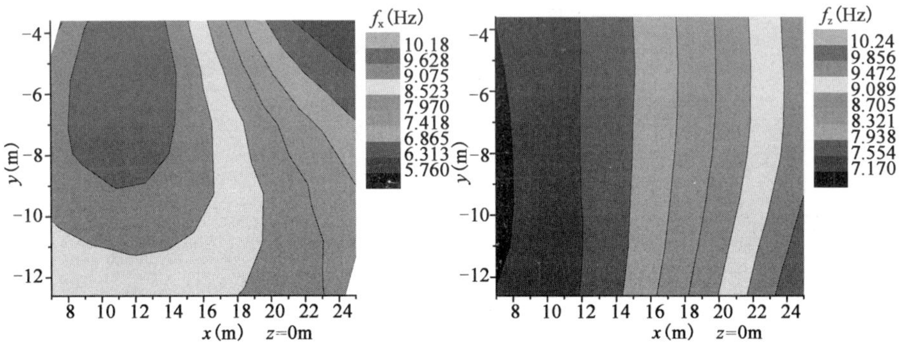

图 8.2-18　3 区场地测试区域拾振器 No. 2 测试结果

由图 8.2-17 ~ 图 8.2-22 可知，振动主频主要取决于测点和夯点之间的土性，水平振动主频和竖向振动主频无明显规律所遵循。拾振器位置不同，测得的场地的振动主频不同，它反映了夯点与测点之间的土层的特性。拾振

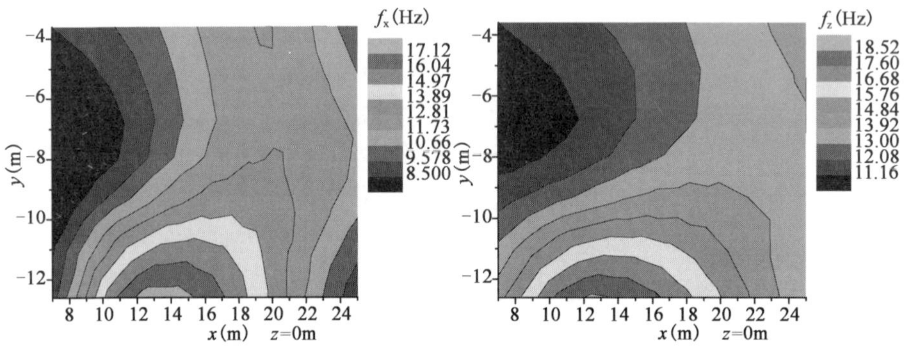

图 8.2-19 3 区场地测试区域拾振器 No. 4 测试结果

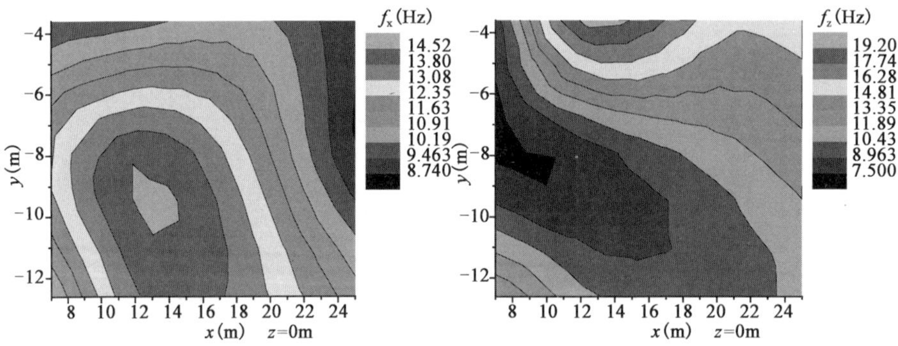

图 8.2-20 3 区场地测试区域 $z=0$m 时振动主频云图

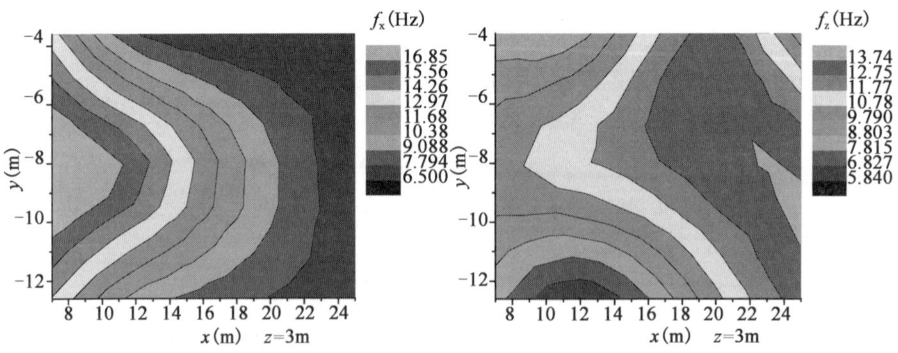

图 8.2-21 3 区场地测试区域 $z=3$m 时振动主频云图

器 No. 1 测得：水平振动主频 6.52 ~ 9.75Hz，其平均值为 7.70Hz；竖向振动主频 7.84 ~ 19.26Hz，其平均值 12.83Hz。拾振器 No. 2 测得：水平振动主频 5.76 ~ 10.16Hz，其平均值为 8.08Hz；竖向振动主频 7.17 ~ 10.23Hz，其平均值 8.38Hz；拾振器 No. 4 测得：水平振动主频 8.50 ~ 17.12Hz，其平均

值为 10.72Hz；竖向振动主频 11.16～18.51Hz，其平均值 13.58Hz。

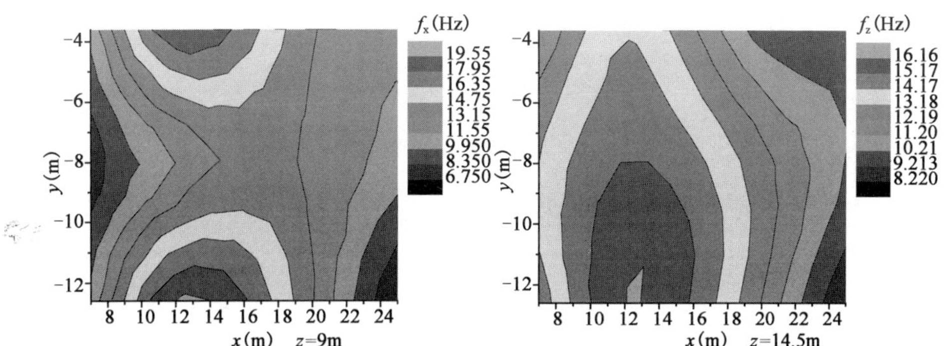

图 8.2-22　3 区场地测试区域 $z=9$m 和 $z=14.5$m 时水平向振动主频云图

拾振器在地表下不同位置处，测得的振动主频也不同，但差别不大。竖向振动主频的平均值大于水平振动主频的平均值。当 $z=0.0$m 时，水平振动主频为 8.74～14.503Hz，其平均值为 10.72Hz；竖向振动主频为 7.51～19.17Hz，其平均值为 12.81Hz，比水平振动主频的平均值大 19.5%。当 $z=3.0$m 时，水平振动主频为 6.51～16.84Hz，其平均值为 9.96Hz；竖向振动主频为 5.85～13.73Hz，其平均值为 10.13Hz，比水平振动主频大 1.7%；当 $z=9.0$m 时，水平振动主频为 6.77～19.51Hz，其平均值为 12.61Hz；当 $z=14.5$m 时，水平振动主频为 8.22～14.5Hz，其平均值为 11.88Hz。

8.2.4.5　强夯作用下峰值加速度分析

8.2.4.5.1　2-2 区场地峰值加速度分析

图 8.2-23 为 2-2 区场地测试区域内水平振动峰值加速度随距夯点距离的拟合曲线，采用用指数函数拟合曲线，满足 $a_{x\max} = \lim\limits_{r\to\infty} a_{x\max} = 0$ 的条件，即：

$$a_{x\max} = a_x \exp(-b_x r) \tag{8.2-4}$$

式中：$a_{x\max}$——水平向峰值加速度，m/s^2；

r——夯点距测点的距离，m；

a_x、b_x——拟合参数。

图 8.2-24 为 2-2 区场地测试区域内竖向振动峰值加速度随距夯点距离

的拟合曲线，采用用指数函数拟合曲线，满足 $a_{zmax} = \lim\limits_{r\to\infty} a_{zmax} = 0$ 的条件，即：

$$a_{zmax} = a_z \exp(-b_z r) \tag{8.2-5}$$

式中：a_{zmax}——竖向峰值加速度，m/s^2；

r——夯点距测点的距离，m；

a_z、b_z——拟合参数。

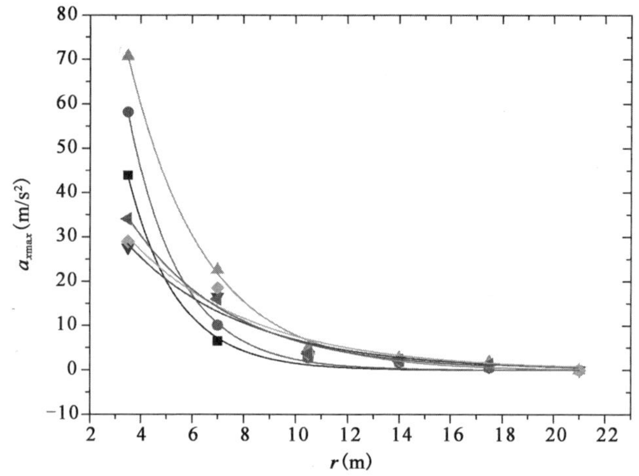

图 8.2-23 水平振动峰值加速度—距夯点距离关系曲线

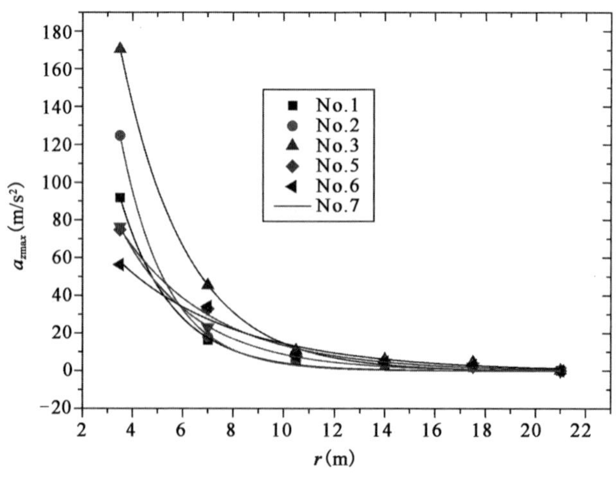

图 8.2-24 竖向振动峰值加速度—距夯点距离关系曲线

上述测试结果表明，测点竖向峰值加速度远大于水平峰值加速度，在夯锤附近（距夯点 3. 5m 处）最大竖向峰值加速度为 170. 64m/s^2，最大水平峰值加速度为 70. 7m/s^2，最大竖向峰值加速度与水平峰值加速度之比为 2. 41。

表 8. 2-6 和表 8. 2-7 分别水平峰值加速度和竖向峰值加速度随测点距夯点距离关系的拟合参数，拟合曲线的相关系数除个别测点外均大于 0. 95，说明实测点与拟合曲线拟合度很好，水平峰值加速度和竖向峰值加速度随测点距夯点的距离增加按指数迅速衰减。

水平振动峰值加速度—距夯点距离关系的拟合参数　　表 8. 2-6

锤击数		1	2	3	4	5	6
拟合参数	a_x	264. 7711	320. 3422	229. 6315	61. 03449	62. 71471	83. 39134
	b_x	0. 51384	0. 48766	0. 33592	0. 21864	0. 21002	0. 25262
相关系数		0. 99347	0. 99846	0. 99806	0. 95856	0. 94636	0. 98592

竖向振动峰值加速度—距夯点距离关系的拟合参数　　表 8. 2-7

锤击数		1	2	3	4	5	6
拟合参数	a_z	478. 7726	814. 7357	638. 936	244. 8497	190. 451	121. 6565
	b_z	0. 47234	0. 53627	0. 37731	0. 33307	0. 26474	0. 21171
相关系数		0. 99684	0. 99788	0. 9987	0. 99761	0. 99174	0. 96271

根据拟合曲线推出夯锤中心点下（$r = 0$ 处）最大竖向峰值加速度为 814. 7m/s^2，最大水平峰值加速度为 320. 3m/s^2，最大竖向峰值加速度与水平峰值加速度之比为 2. 54。

8. 2. 4. 5. 2　试验 3 区场地峰值加速度分析

图 8. 2-25 和图 8. 2-26 分别为 3 区场地测试区域内地表水平和竖向峰值加速度云图，竖向峰值加速度与水平峰值加速比值的最大值为 1. 21。随着夯点距测点距离的增加，峰值加速迅速衰减，当夯点距测点 27m 时，水平和竖向峰值加速度均小于 0. 1m/s^2。

图 8. 2-27 ~ 图 8. 2-30 为 3 区场地测试区域内不同深度处 xy 平面上峰值加速度云图，图 8. 2-31、图 8. 2-32 为 3 区场地测试区域内，rz 平面上峰值加速度云图。

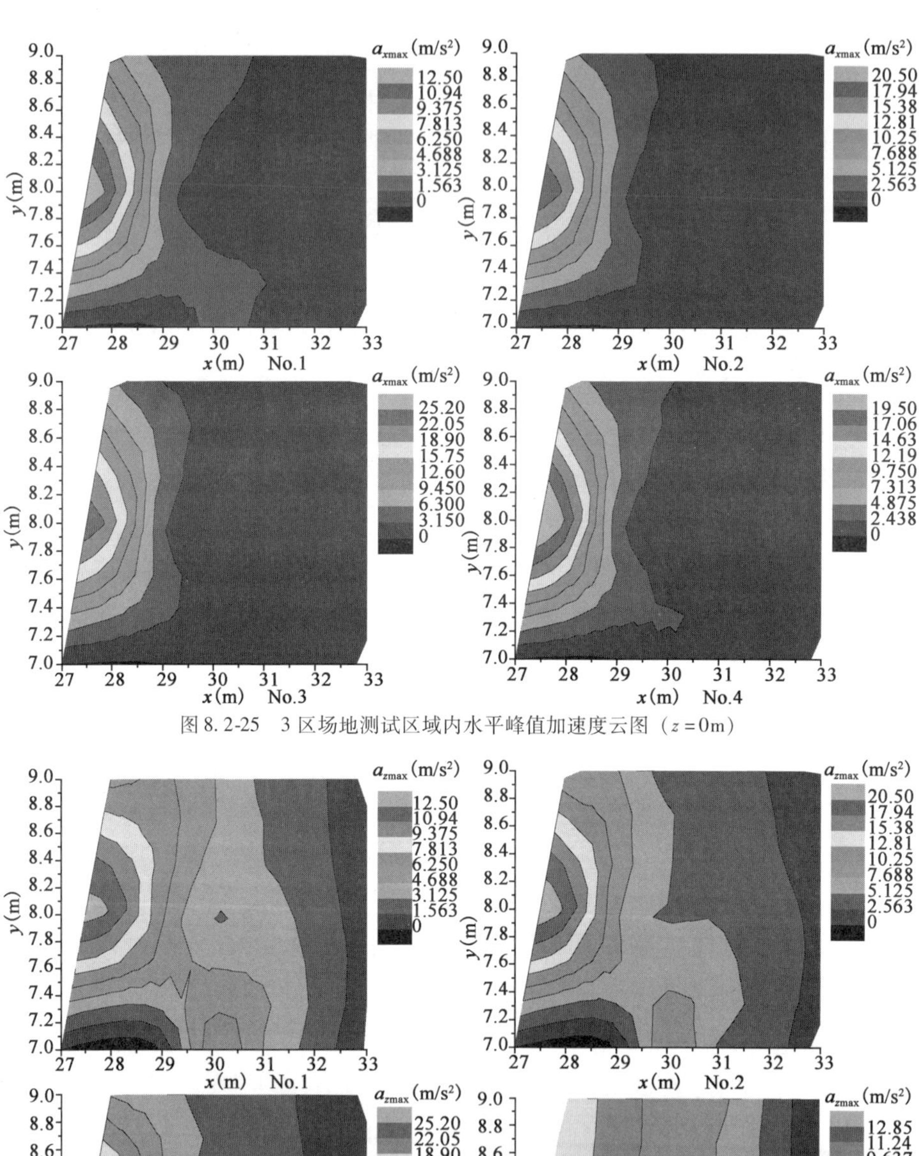

图 8.2-25　3 区场地测试区域内水平峰值加速度云图（$z=0$m）

图 8.2-26　3 区场地测试区域内竖向峰值加速度云图（$z=0$m）

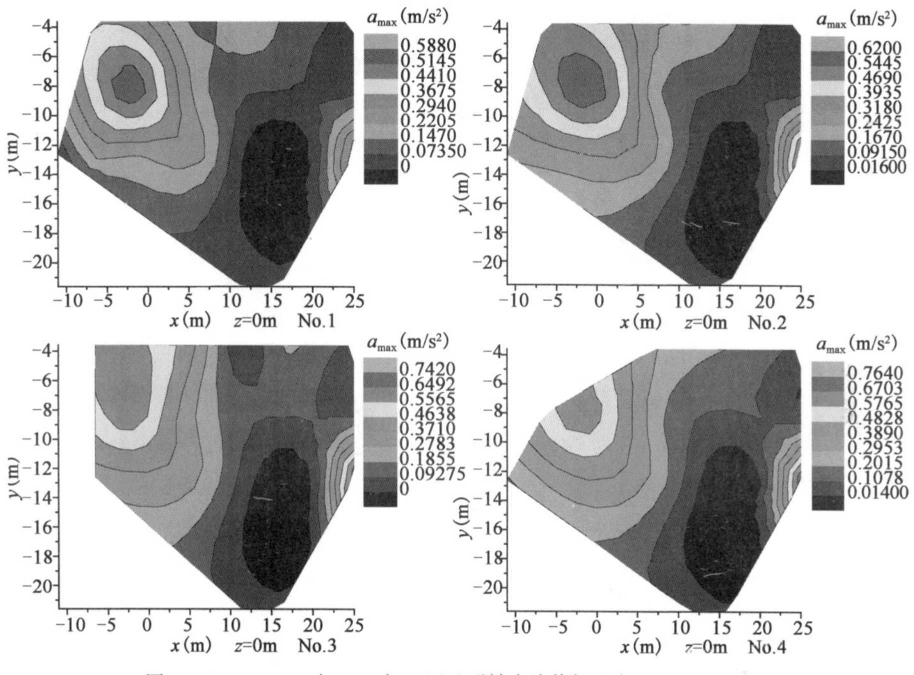

图 8.2-27　$z=0$m 时，3 区场地测试区域内峰值加速度云图（xy 平面）

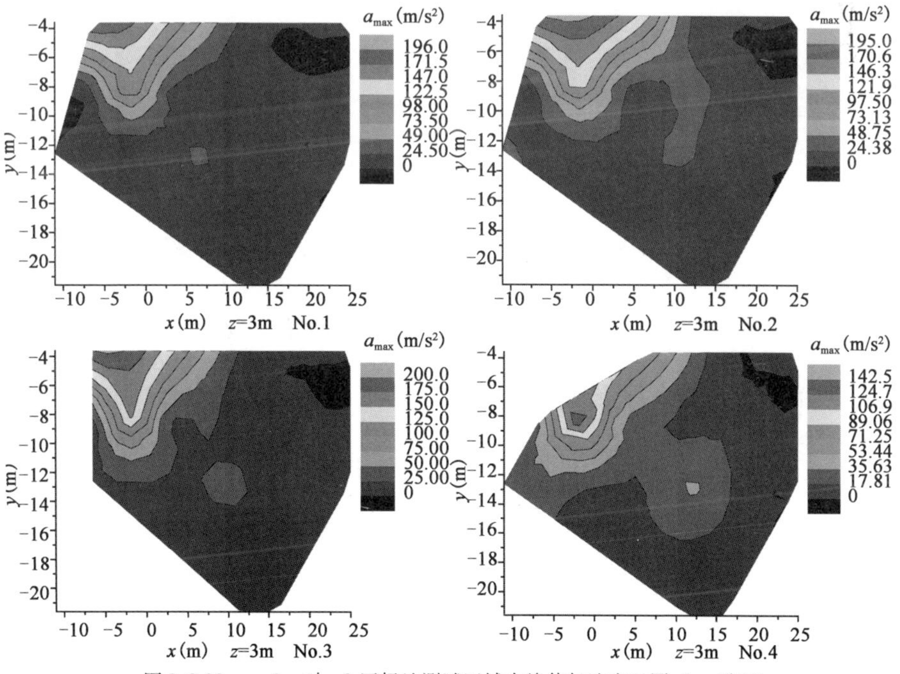

图 8.2-28　$z=3$m 时，3 区场地测试区域内峰值加速度云图（xy 平面）

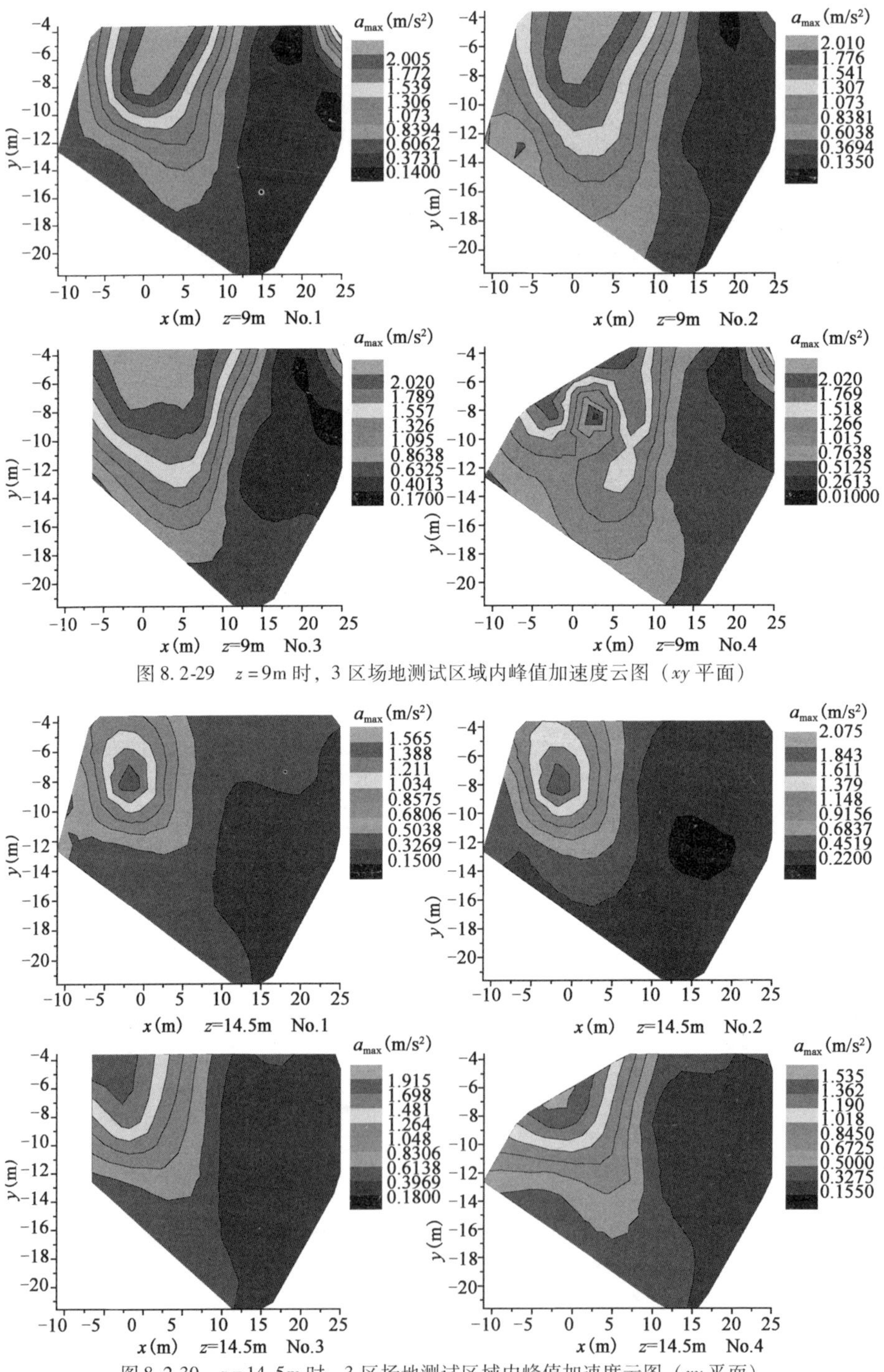

图 8.2-29 $z=9\text{m}$ 时，3 区场地测试区域内峰值加速度云图（xy 平面）

图 8.2-30 $z=14.5\text{m}$ 时，3 区场地测试区域内峰值加速度云图（xy 平面）

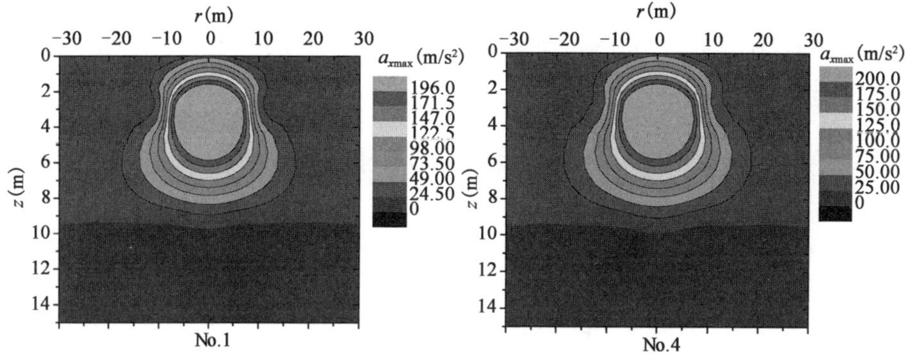

图 8.2-31　3 区场地测试区域内水平峰值加速度云图（rz 平面）

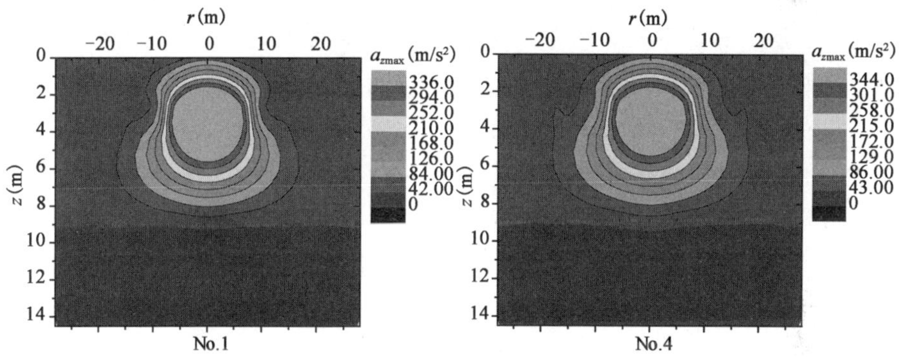

图 8.2-32　3 区场地测试区域内竖向峰值加速度云图（rz 平面）

由图 8.2-27 ~ 图 8.2-30 可知，竖向峰值加速度大于水平峰值加速度，其比值在 1.3 ~5.0 之间。由于测点不在夯锤底面以下，所以地表的加速度峰值不是最大值，在地表下 3m 处峰值加速度达到最大值，当夯点距测点的距离为 7.4m 时，测得的最大峰值加速度水平为 199.9m/s^2，竖向为 343.3m/s^{2}其比值为 1.72；在地表以下 3m 处当夯点距测点的距离为 27m 时，测得的最大峰值加速度小于水平 1.9m/s^2。在地表 3m 以下，峰值加速度逐渐减少。在地表下 9m 处，当夯点距测点的距离为 7.4m 时，测得的最大峰值加速度为 2.0m/s^2；当夯点距测点的距离为 27m 时，测得的最大峰值加速度小于 0.5m/s^2。在地表下 14.5m 处，当夯点距测点的距离为 7.4m 时，测得的最大峰值加速度为 1.9m/s^2；当夯点距测点的距离为 27m 时，测得的最大峰值加速度小于 0.4m/s^2。

由图 8.2-31 和图 8.2-32 可得出，土层峰值加速度向土层深度的衰减。强夯的作用相当于在土层中产生一个很大的动荷载，该荷载是一个体积力，其大小为土体密度与加速度的乘积，该动力荷载作用时间很短，在该动力荷载作用下土层中产生超孔隙水压力，超孔隙水压力消散，使得土层固结。

8.3 动力排水固结动力特性室内试验

8.3.1 工程背景

某吹填场地，土层主要是平均厚度为9.94m的液化砂层和8.44m的淤泥—淤泥质软土层，且土质和厚度分布不均匀。主要需要处理的是砂土层液化和软土层，所以室内试验时土层简化为均质等厚度，也只考虑有软土层和砂土层两层土，为突出试验对软土的处理效果，饱和砂土层作为荷载及排水层铺设在软土层上，砂土层的处理效果本次试验不再考虑。现场软土层土性基本参数为 $w=57.1\%$，孔隙比 $e=1.616$，$I_p=18.6$，$I_L=1.70$。该场地采用堆载降水预压联合法进行处理。

现场动力固结采用强夯方式，分二遍普夯，二遍点夯和一遍满夯。

普夯：普夯单击能为1200～1500kN·m，每点2击，夯点连接。每遍普夯后平整场地。

点夯：第一遍单击能1800～2000kN·m，每点5～6击，按5m×5m正方形布点；第二遍单击能2400～2800kN·m，每点6～8击，夯点与第一遍点内插，第二遍点夯在第一遍完成5～7d后进行。在点夯前应进行夯击试验，以修正夯击参数。

满夯：单击能1000～1200kN·m，每点2击，1/4锤印搭接。

振动碾压：20～22t压路机，碾压4～5遍（一个来回为一遍）。

8.3.2 室内试验模型设计与试验方案

8.3.2.1 室内试验模型设计

为正确模拟强夯的能量作用过程和现象，室内模型试验应考虑以下相似性原则：

① 发生在模型中的物理过程与原型中的物理过程服从同一自然规律，可以用相同的物理方程来描述；

② 描述模型和原型中物理过程的方程中的同类（同名）物理量应相似；

③ 模型与原型的空间条件（几何尺度、边界条件等）应相似；

④ 模型与原型的时间条件应相似。

（1）模型试验土层厚度

根据现场工程概况可知，需处理的土层主要是9.94m厚的液化砂层和8.44m厚的淤泥质软土层。根据相似准则中的几何相似，室内试验中的土层厚度应与现场相似，即 $l_{\mathrm{p}}/l_{\mathrm{n}}=\lambda_l$。本次试验取 $\lambda_l=50$，则室内试验的土层厚度为：

软土层　　$l_{\mathrm{n软土}}=l_{\mathrm{p软土}}/\lambda_l=8.44/50=0.17\mathrm{m}=17\mathrm{cm}$

液化砂层　　$l_{\mathrm{n砂}}=l_{\mathrm{p砂}}/\lambda_l=9.94/50=0.2\mathrm{m}=20\mathrm{cm}$

（2）模型试验的相似性准则

对于强夯来说，从能量的观点看，原型中夯锤单位底面积所承受的能量为：

$$W=\frac{mgh}{\pi d^2/4} \tag{8.3-1}$$

式中：m——夯锤质量，kN；

d——夯锤直径（底面为圆形），m；

h——夯锤落距，m。

设模型中夯锤的质量为 m_n，夯锤的直径为 d_n，夯锤的落距为 h_n，则模型中夯锤单位底面积所承受的能量为：

$$W_{\mathrm{n}}=\frac{m_n g h_n}{\pi d_n^2/4} \tag{8.3-2}$$

按照相似性原则②，式（8.3-1）和式（8.3-2）中的同名物理量应当相似，即它们之间存在一定的相似比，设：

$$\lambda_m=\frac{m_n}{m},\qquad \lambda_h=\frac{h_n}{h},\qquad \lambda_d=\frac{d_n}{d} \tag{8.3-3}$$

λ_m、λ_h 和 λ_d 分别为夯锤质量、夯锤落距和夯锤直径的相似比，代入式（8.3-2）中可以导出：

$$W_n=\frac{\lambda_m\lambda_h}{\lambda_d^2}\times\frac{mgh}{\pi d^2/4} \tag{8.3-4}$$

欲使式（8.3-4）与式（8.3-1）等价或成一定相似比，必须有：

$$\frac{\lambda_m \lambda_h}{\lambda_d^2} = 1 \quad 或 \quad \frac{\lambda_m \lambda_h}{\lambda_d^2} = a \quad (a\text{为一常数}) \tag{8.3-5}$$

式（8.3-5）就是以原型与模型中夯击能量相等的原则确定的强夯模拟试验所要考虑的相似性准则。

（3）室内模型试验参数选择

设现场强夯单位面积夯击能与室内强夯模型试验单位面积夯击能之比为50，即相似比常数 $\lambda = 1/50$。

模型锤用试验室现有的1.275kg带挂钩的砝码，锤底直径为10cm，为避免夯锤的落距过大，再叠放4个不带挂钩的1.275kg的砝码，则模型锤的总质量为：

$$m_n = 1.275 \times 5 = 6.376(\text{kg})$$

以原型与模型中夯击能量相等的原则确定的强夯模拟试验所要考虑的相似性准则。取相似比为 $a = 1/50$。设计室内试验模型。夯锤重187.6kN，锤底直径2.5m，夯锤模型重25N、锤底直径10cm，锤重的相似系数为7504，锤底直径的形似系数为25。

根据夯击能及室内试验条件点夯时选择夯锤落距为90cm，单夯夯击能为22.5N·m；满夯时落距为45cm，夯击能11.25N·m，按相似准则式（8.3-5），当相似比为 $a = 1/50$，点夯能量相当于现场实验657kN·m，满夯能量相当于328.5kN·m。

考虑到强夯时施工时，该场地已经堆载降水预压一段时间，试验土层的密度平均值为1.93g/cm^3、含水率平均值为30.84%、孔隙比平均值为0.766。

模型箱设计：用现有的88cm×60cm×50cm的钢塑箱，中间用60cm×50cm×2cm的木板隔离成两个小试验箱，大小均为43cm×60cm×50cm；两试验箱一侧边接测压管，用来观测试验过程中的水位变化。试验箱两端各开30cm×30cm的窗口，内侧贴上画好刻度网的有机玻璃，用来观察土层的分层沉降，试验土层厚度如图8.3-1所示。

8.3.2.2 试验内容和试验方案

设计室内堆载和强夯组合法加固软土地基室内试验研究：

（1）研究在强夯振动作用下，强夯能量的衰减规律及动力响应；

（2）分析强夯作用下软土层的沉降结果及孔隙水压力消散规律；

（3）对比试验前后土性参数的变化，对强夯加固效果进行分析评价。

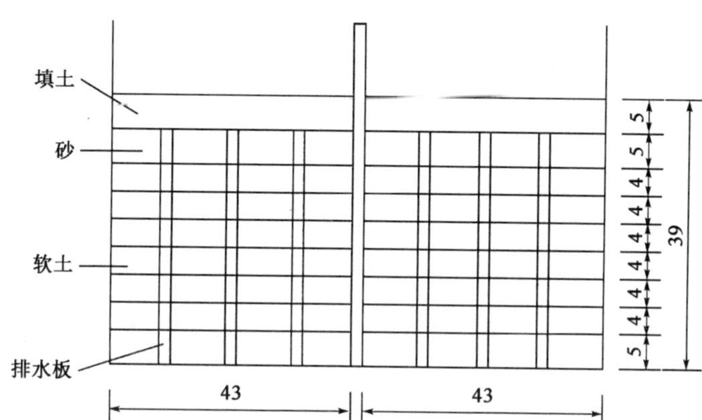

图 8. 3-1　模型箱示意图（尺寸单位：cm）

强夯过程中土层沉降观测：在软土层表面加一平板，上面固定上一塑料管（可看成是刚性的），在两边试验箱均铺设一层 10cm 厚的填土层（约 1kPa），塑料管上端露出填土表面 2cm，将百分表架设在塑料管上端。以此来观测土样表面的沉降，如图 8. 3-2 所示。

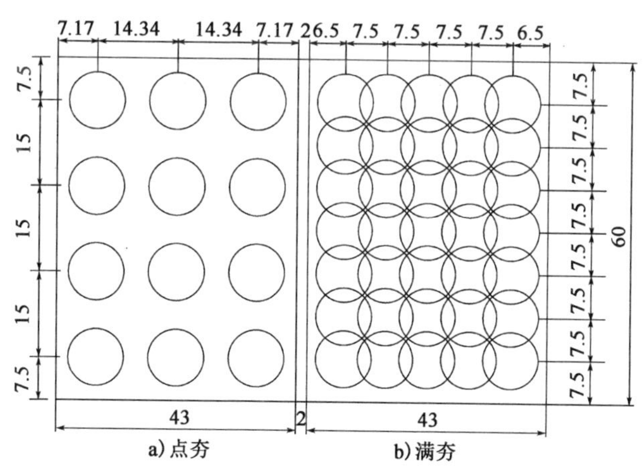

图 8. 3-2　强夯夯点布置图（尺寸单位：cm）

夯点布置：对未设排水板的土层只进行堆载的沉降观测（将填土视为堆载作用在软土上）；对设有排水板的土层进行一遍点夯，采用插夯的夯击方式，满夯 1/4 锤印搭接，夯点布置如图 8. 3-2 所示。

通过室内试验测得：

(1) 强夯夯沉量与夯击次数关系;

(2) 强夯完成后土样表面沉降量 s 与时间 t 的关系;

(3) 孔隙水压力消散规律;

(4) 强夯动力特性分析。

8.3.3 试验成果分析

8.3.3.1 强夯夯沉量

强夯各点累积夯沉量如图 8.3-3 所示,收锤标准为最后一击夯沉量小于 0.1cm,最后两击平均夯沉量小于 0.2cm。

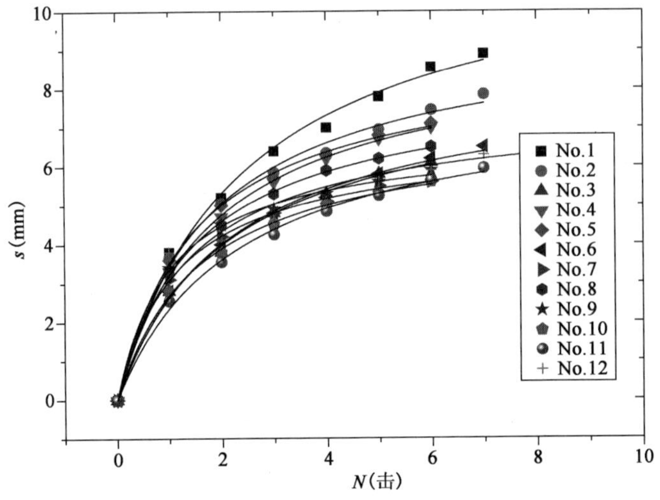

图 8.3-3 点夯累积夯沉量与锤击数关系的拟合曲线

由图 8.3-3 可得出以下规律:

累积夯沉量随夯击次数的增加而增大,但增量逐渐减小,有收敛稳定、趋于某一定值的趋势。

各夯点的累积夯沉量在 5.90 ~ 8.5cm 之间,其平均夯沉量为 6.6cm,每个夯点的累积夯沉量相差比较大。主要原因是由于填土密实度不均匀和试验箱的边界影响所致。

图 8.3-3 为各测点累积夯沉量与夯击数的拟合曲线。拟合函数为过原点的双曲线函数:

$$s = \frac{P_1 x}{P_2 + x} \tag{8.3-6}$$

式中：s——累积夯沉量，cm；

x——锤击数；

P_1、P_2——拟合参数。

拟合参数 P_1、P_2 如表8.3-1所示。

累积夯沉量 s(cm) 与夯击数 x 拟合曲线的拟合参数　　表8.3-1

测点		No. 1	No. 2	No. 3	No. 4	No. 5	No. 6
拟合参数	P_1	11.747	9.569	8.199	9.088	8.776	8.345
	P_2	2.426	1.793	2.124	1.825	1.507	2.162
相关系数		0.9936	0.9948	0.99698	0.99945	0.9985	0.99655
测点		No. 7	No. 8	No. 9	No. 10	No. 11	No. 12
拟合参数	P_1	6.704	8.110	6.746	7.015	7.759	7.474
	P_2	1.182	1.534	1.019	1.610	2.309	1.454
相关系数		0.99935	0.99902	0.99776	0.99847	0.99629	0.85207

从表8.3-1可知，拟合曲线的相关系数除个别测点外均大于0.99，说明实测点与拟合曲线拟合度很好，测点的累积夯沉量随夯击数按双曲线函数的增加而增加。拟合曲线的极限值 P_1 在6.704～11.75之间，P_2 在1.01～2.43之间。

8.3.3.2　强夯过程中软土层表面沉降分析

未进行强夯的土层承受1.2kPa（10cm厚填土）均布荷载作用，进行强夯的土层在1.2kPa填土堆载作用基础上再进行一遍点夯和一遍满夯，夯击能分别为22.5N·m和11.25N·m，先堆载15h后再进行强夯。强夯过程中软土层沉降量曲线如图8.3-4所示。

由图8.3-4可看出，前15h是填土的堆载预压作用，两边试验区域沉降量和沉降趋势相似。堆载15h后进行强夯，由图8.3-4可明显看出进行强夯的土层沉降曲线呈阶梯状，明显的沉降突变位置即代表一次强作用。点夯完成后沉降量为3mm，夯后沉降稳定时的沉降量为5.048mm；满夯完成后沉降量为1.5mm，夯后沉降稳定时的沉降量为1mm；即整个强夯过程总沉降量为10.915mm。而未进行强夯的土层沉降曲线比较平缓，最终沉降量为1.001mm，明显小于进行强夯后的土层的沉降量，说明强夯的作用是十分明显的。

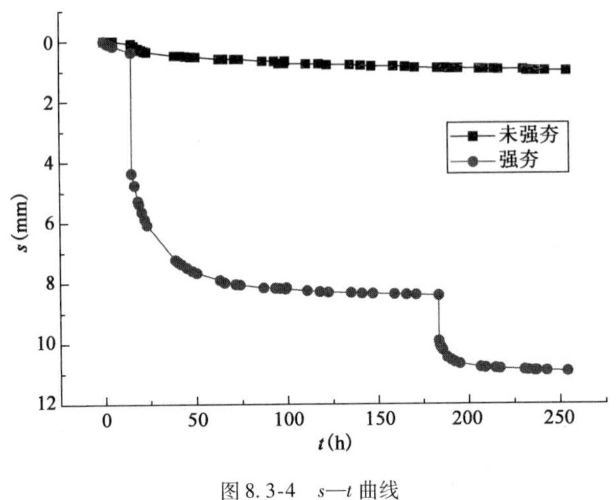

图 8.3-4　s—t 曲线

8.3.3.3　孔隙水压力消散规律

本次试验在试验箱的一侧接有测压管，分别布置在软土层上中下部位，但由于测压管管径偏大，测压管水位对孔隙水压力的变化并不够敏感，只有软土层底部的测压管在点夯时观测到了测压管内的水位变化，点夯前测压管内水位为 0cm。测压管水位随时间变化如图 8.3-5 所示。

由图 8.3-5 可看出强夯后 50.5h，测压管内水位回到初始位置，此时土层的固结度为 83%，夯后 74h，测压管内水位不再变化，此时土层的固结度为 91%。可见，土层固结压缩的过程也是孔隙水压力消散的过程，孔隙水压力充分消散，土层固结度可达 90% 以上。土中孔隙水压力随时间逐渐减小，孔隙水压力消散时间与沉降趋于稳定时间一致，故可以认为夯后土体沉降趋于稳定了即孔隙水压力已完全消散。

8.3.3.4　强夯的动力特性

采用移动夯点（振源）的方法，记录各测点在不同距离夯点夯时的峰值加速度。由于室内试验人为因素的影响，不能保证每次每点夯击时的能量完全一致，故以土层内加速度相比于夯锤加速度的相对加速度 A 随距离和深度的变化来表示强夯能量的衰减规律。记：夯锤上加速度传感器测得的峰值加速度为 a_{cmax}；软土层内加速度传感器测得的峰值加速度为 a_{smax}，则相对加速度为 $A_{max} = a_{cmax}/a_{smax}$。距夯点中心距离和深度取无量纲量 $R = r/D$、$Z = d/D$，其中 r 和 d 为测点到夯点中心距离和深度，D 为夯锤直径。

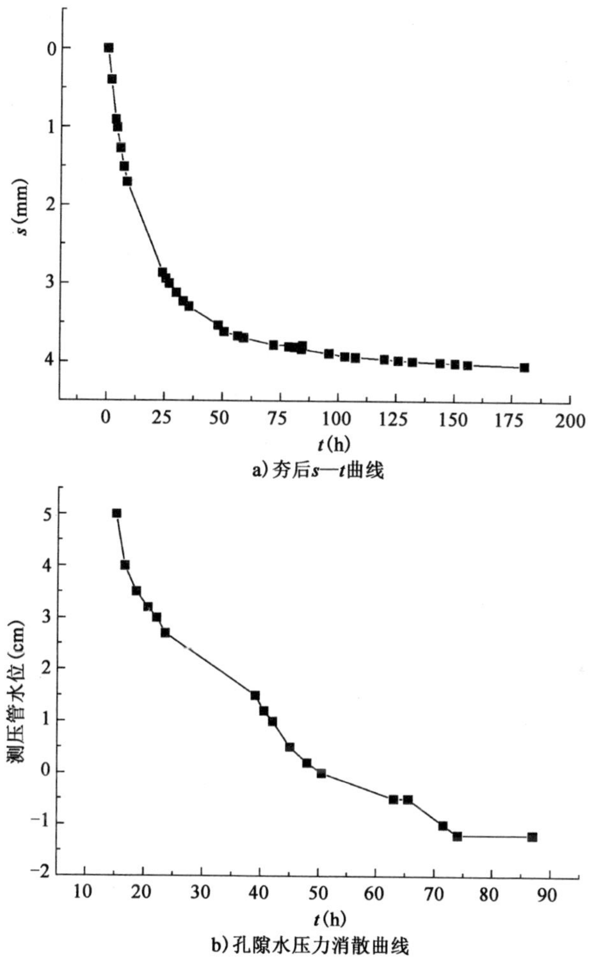

图 8.3-5 强夯后孔隙水压力消散曲线

本次试验夯锤重 2.5kg，落距 90cm，夯击能为 22.5N · m，相似比取 1/50，相当于现场试验夯击能 657N · m。

8.3.3.4.1 加速度时程曲线图

图 8.3-6 为距夯点不同距离处的加速度时程曲线图，数据总长度在 10s 左右，截取强夯振动明显的数据点进行分析，数据长度为 0.6s，采样频率为 1024Hz。

由图 8.3-6 可看出，在夯锤表面的加速度传感器所测得的加速度时程曲线在强夯作用时只振动了一次，且作用时间较短，随着距离的增加振动持续时间及振动次数也随之增加。

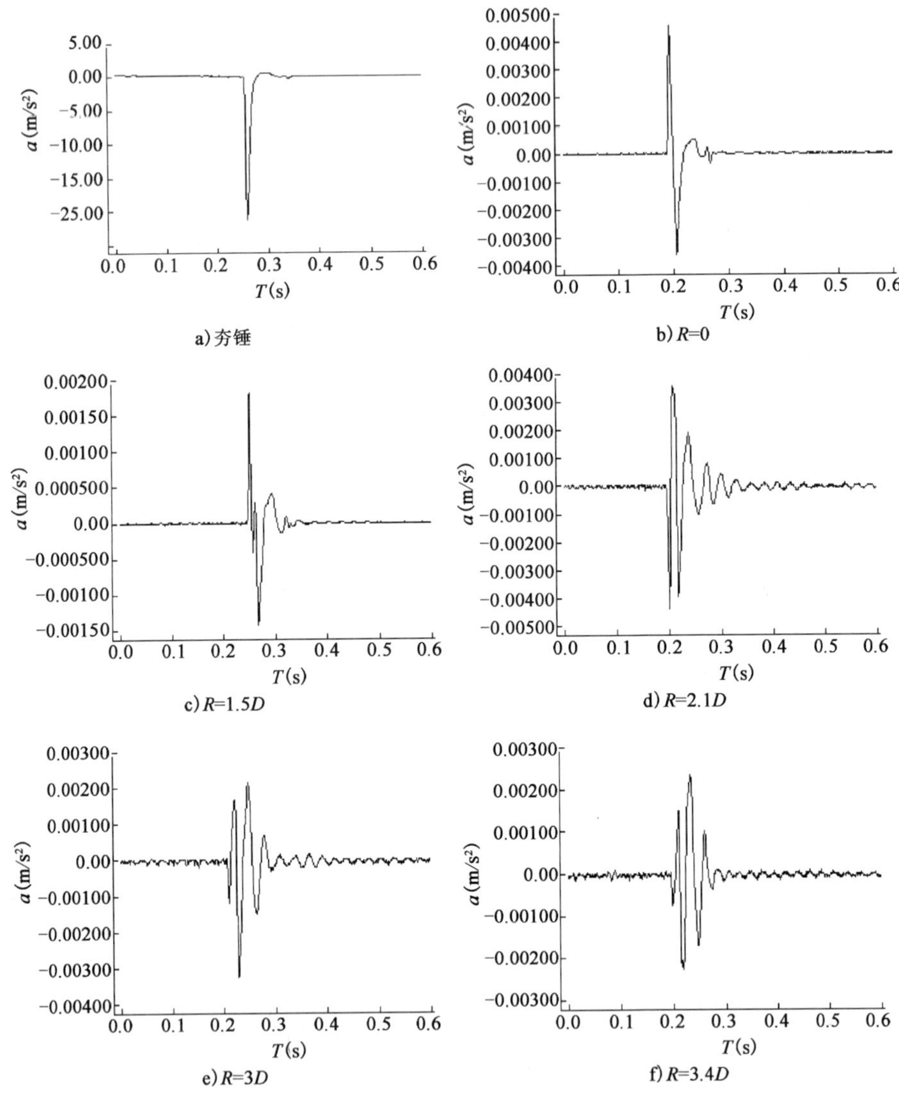

图 8.3-6　加速度时程曲线

8.3.3.4.2　强夯振动作用时间及主频

强夯引起的振动是一种瞬时型冲击振动，振动速度峰值的持续时间非常短，为 0.05 ~ 0.08s；夯点中心附近的持续时间也不超过 0.1 ~ 0.5s。主振频率是指振动中频谱中振幅最大的谐波分量的频率。本次试验得到的振动开始时间和结束时间及主频见表 8.3-2。

振动开始结束时间及主频　　表 8. 3-2

测点位置（cm）	开始时间（s）	结束时间（s）	持续时间（s）	主频值（Hz）
夯锤	2. 742	2. 803	0. 061	9. 0195
0	2. 588	2. 677	0. 089	21. 071
1. 5*D*	2. 745	2. 847	0. 102	23. 053
2. 1*D*	4. 893	5. 132	0. 239	33. 482
3*D*	0. 203	0. 429	0. 226	34. 146
3. 4*D*	0. 194	0. 454	0. 26	35. 858

由表 8. 3-2 可以看出，在软土层的表面（$Z = 1.9D$），随着距离的增大，强夯引起的振动持续时间从 0. 089s 增大到 0. 26s。由于强夯引起的振动波在土介质中以不同的波速传播，而纵波（压缩波）比横波（剪切波）快，瑞利波最慢。在距离夯点较近的地方，传播距离短，三者几乎同时到达；随着距离的增大，三者到达就会产生时间差，振动波相互叠加后振动的时间就会延长。

土层的振动主频值在 20 ~ 40Hz 之间，也随着距离的增大而增大，夯锤的振动主频值约为 9. 02Hz，明显地小于土层的主频值。普通民房的固有频率值大概在 2 ~ 3Hz 之间，在强夯作用下，夯点距离建筑物一定的安全距离的话，一般也不易发生共振破坏。

8. 3. 3. 4. 3　竖向相对峰值加速度 $A_{max \cdot z}$

对所测得的数据用 G01USB 工程振动测试分析系统软件进行处理，得到强夯时的峰值加速度。夯锤上峰值速度为 22m/s^2，与加速度时程曲线显示的结果不一致，图示结果应乘以系数 1000 即为实际加速度值。可认为夯锤接触土层的瞬间，夯锤上的峰值加速度即为土层表面的加速度。

（1）竖向相对峰值加速度 $A_{max \cdot z}$ 水平方向传播规律

不同距离夯点时各测点的竖向相对峰值加速度见表 8. 3-3 所示。

不同距离竖向相对峰值加速度 $A_{max \cdot z}$　　表 8. 3-3

夯击次数 / 距夯点中心距离 *R*	第 1 击	第 2 击	第 3 击	第 4 击	第 5 击	第 6 击
0	0. 19187	0. 22326	0. 26328	0. 32377	0. 32180	0. 32738
1. 5*D*	0. 10125	0. 08773	0. 11835	0. 09916	0. 10278	0. 12141
2. 1*D*	0. 02584	0. 02061	0. 03244	0. 05129	0. 03502	0. 0423
3*D*	0. 01821	0. 01597	0. 01703	0. 01696	0. 02227	0. 01857
3. 4*D*	0. 01492	0. 01082	0. 01264	0. 01349	0. 01393	0. 01497

注：锤重 2. 5kg，锤底直径 10cm，落距 90cm。

根据表 8.3-3 得到的相对加速度随距离变化数据，得曲线如图 8.3-7 所示。

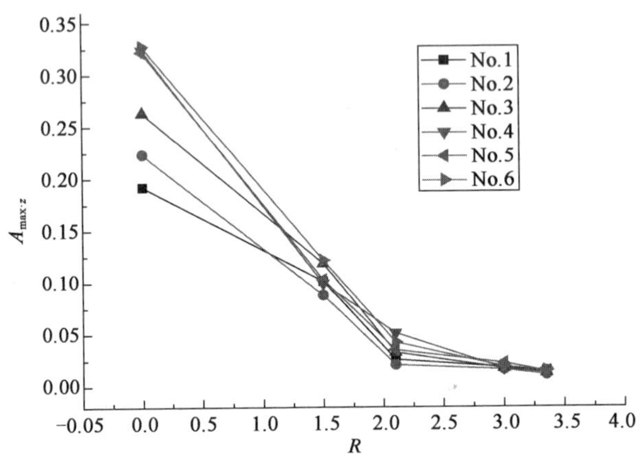

图 8.3-7　试验箱 $A_{max \cdot z}$—R 曲线

(2) 竖向相对峰值加速度 $A_{max \cdot z}$ 深度方向传播规律

不同深度时各测点的竖向加速度如表 8.3-4 所示。

不同深度竖向相对峰值加速度 $A_{max \cdot z}$　　表 8.3-4

夯击次数 / 深度 Z	第 1 击	第 2 击	第 3 击	第 4 击	第 5 击	第 6 击
0	1	1	1	1	1	1
$2D$	0.19187	0.22326	0.26328	0.32377	0.32490	0.32738
$3D$	0.06396	0.08822	0.10454	0.08256	0.08522	0.08725
$3.9D$	0.00637	0.01914	0.02602	0.04028	0.04384	0.04515

注：锤重 2.5kg，锤底直径 10cm，落距 90cm。

根据表 8.3-4 得到的相对加速度随深度变化数据，得曲线如图 8.3-8 所示。

由图 8.3-7 和图 8.3-8 可知，强夯振动的加速度变化规律均随距离和深度的增加而减小，并随夯击次数逐渐增大。在水平方向约 $0 \sim 2D$ 的范围内，竖向相对峰值加速度衰减最为显著，水平方向 $R=2.1D$ 处，竖向相对峰值加速度 $A_{max \cdot z}$ 为夯点中心处的 12.4%，在 $R=3D$ 处为 6.8%；在竖直方向 $0 \sim 3D$ 的范围内，竖向相对峰值加速度衰减最为显著，在 $Z=3D$ 处，竖向相对峰值加速度 $A_{max \cdot z}$ 为土层表面的 8.5%，在 $Z=3.9D$ 处为 3%。

由相对峰值加速度和速度随距离和深度的变化曲线可看出，在强夯作用下，竖向峰值相对加速度 $A_{max \cdot z}$ 随距离及深度的增加而迅速减小，其振动变化规律相同，按负幂指数形式衰减，满足下列公式：

$$A_{max \cdot z} = a \cdot e^{-b \cdot s} \tag{8.3-7}$$

式中：$A_{max \cdot z}$——相对加速度；

a、b——拟合系数；

s——距夯点中心距离 R 或深度 Z，m；

e——自然对数底。

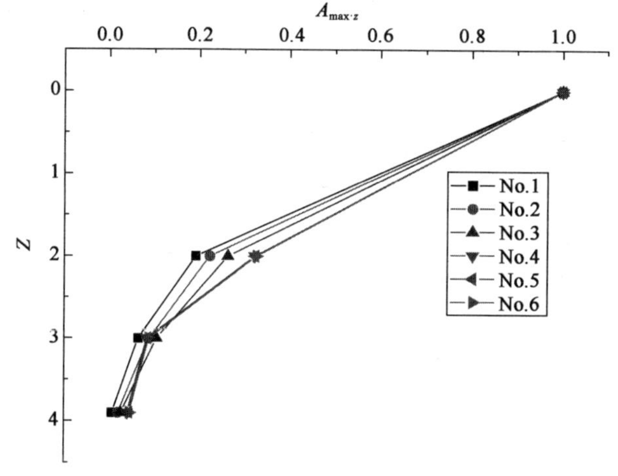

图 8.3-8　$A_{max \cdot z}$—Z 曲线

竖向峰值相对加速度 $A_{max \cdot z}$ 随距离 R 变化拟合曲线见图 8.3-9。

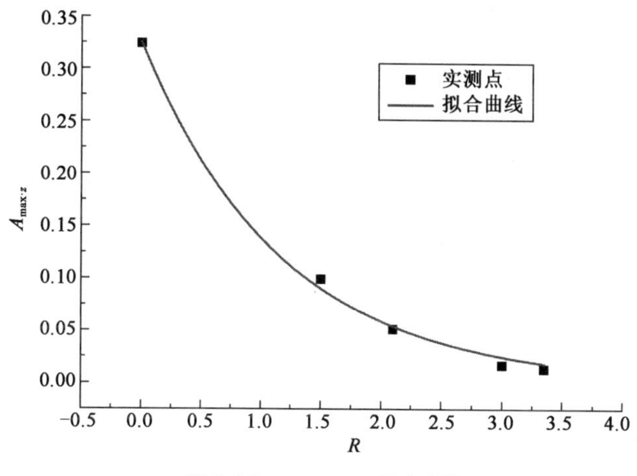

图 8.3-9　$A_{max \cdot z}$—R 拟合曲线

拟合曲线系数见表 8.3-5。

$A_{max\cdot z}$—R 拟合曲线系数 表 8.3-5

夯击次数	1	2	3	4	5	6
a	0.1958	0.2253	0.2067	0.3249	0.3235	0.3300
b	0.6721	0.8146	0.6582	0.8544	0.8756	0.8152
相关系数	0.9162	0.9636	0.9348	0.9964	0.9894	0.9800

由表 8.3-5 可知，相对峰值加速度随水平距离 R 的拟合曲线相关系数均大于0.96（除第3击外），说明实测点与拟合曲线拟合度较好，强夯能量在水平方向上均按负幂指数函数的形式衰减，$a=0.1958\sim0.3300$，$b=0.682\sim0.8756$。

竖向峰值相对加速度 $A_{max\cdot z}$ 随深度 Z 变化拟合曲线见图 8.3-10。

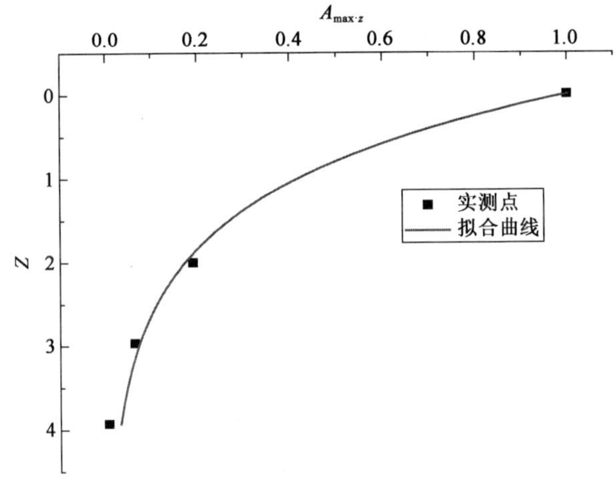

图 8.3-10 $A_{max\cdot z}$—Z 拟合曲线

拟合曲线系数见表 8.3-6。

$A_{max\cdot z}$—Z 拟合曲线系数 表 8.3-6

夯击次数	1	2	3	4	5	6
a	1.0012	1.0015	1.0026	1.0059	0.9993	1.0012
b	0.8723	0.7895	0.7217	0.6703	1.2694	0.8721
相关系数	0.9812	0.9975	0.9951	0.9804	0.9906	0.9812

由表 8.3-6 可知，相对峰值加速度随深度 Z 的拟合曲线相关系数均大于0.98，说明实测点与拟合曲线拟合度较好，强夯能量在深度方向按负幂指数函数的形式衰减，$a=0.9993\sim1.0026$，$b=0.6703\sim1.2694$。

8.3.4　强夯加固效果

8.3.4.1　土层参数的变化

强夯处理前后土层的各参数指标的变化最直接地反映了强夯的加固效果，本次试验强夯前后土样参数测定结果如下。

（1）未进行强夯土层参数见表 8.3-7。

未强夯土层参数　　表 8.3-7a)

土层	深度 (cm)	ρ (g/cm³)	w (%)	e	a (MPa⁻¹)	E_s (MPa)	C_v (cm²/s)	k (10⁻⁸cm/s)
1-1	1.5	1.9417	30.08	0.8290	0.428	3.891	0.0023	5.9111
1-2	5.5	1.932	30.01	0.6795	0.368	4.916	0.0020	4.0683
1-3	9.5	1.9432	3133	0.7155	0.412	4.329	0.0019	4.3890
1-4	13.5	1.9653	31.34	0.7020	0.399	4.287	0.002	4.6653
1-5	17.5	1.8667	31.23	0.9193	0.47	3.667	0.0026	7.0903
平均值	—	1.9292	30.84	0.7659	0.4147	4.2352	0.0023	5.3175

沉降稳定后土层参数　　表 8.3-7b)

土层	深度 (cm)	ρ (g/cm³)	w (%)	e	a (MPa⁻¹)	E_s (MPa)	C_v (cm²/s)	k (10⁻⁸cm/s)
1-1	1.5	1.9870	29.65	0.7813	0.363	4.47	0.002	4.4742
1-2	5.5	1.9590	30.60	0.8210	0.394	4.221	0.0024	5.6858
1-3	9.5	1.9695	32.03	0.8301	0.36	4.609	0.0022	4.7732
1-4	13.5	1.9863	30.74	0.7968	0.395	4.100	0.0023	5.6097
1-5	17.5	1.9855	29.86	0.7856	0.393	4.114	0.0022	5.8337
平均值	—	1.9770	30.62	0.8039	0.382	4.294	0.0022	5.1887

（2）进行强夯的土层参数见表 8.3-8。

强夯前土层参数　　表 8.3-8a)

土层	深度 (cm)	ρ (g/cm³)	w (%)	e	a (MPa⁻¹)	E_s (MPa)	C_v (cm²/s)	k (10⁻⁸cm/s)
1-1	1.5	1.9717	29.57	0.7940	0.283	6.195	0.0025	5.4810
1-2	5.5	1.8450	32.17	0.9556	0.493	3.658	0.0029	6.3580

续上表

土层	深度 (cm)	ρ (g/cm^3)	w (%)	e	a (MPa^{-1})	E_s (MPa)	C_v (cm^2/s)	k ($10^{-8}cm/s$)
1-3	9.5	1.9265	30.42	0.7685	0.424	4.190	0.0026	5.7002
1-4	13.5	1.9178	30.54	0.7065	0.393	4.564	0.0027	5.9195
1-5	17.5	1.9167	29.00	0.8374	0.427	4.158	0.0026	5.7002
平均值	—	1.9155	30.34	0.8124	0.404	4.553	0.0027	5.9195

强夯后土层参数 表 8.3-8b)

土层	深度 (cm)	ρ (g/cm^3)	w (%)	e	a (MPa^{-1})	E_s (MPa)	C_v (cm^2/s)	k ($10^{-8}cm/s$)
1-1	0	2.0090	26.53	0.7194	0.275	5.733	0.0020	4.3848
1-2	4.3	1.9792	28.76	0.7760	0.289	5.637	0.0025	5.4808
1-3	8.3	1.9863	29.27	0.7767	0.369	4.375	0.0020	4.3848
1-4	12.3	1.9575	28.66	0.7944	0.373	4.360	0.0021	4.6040
1-5	16.3	1.9978	28.38	0.7543	0.314	5.064	0.0019	4.1656
平均值	—	1.986	28.32	0.7642	0.324	5.034	0.0021	4.6040

注：取土深度按软土层起算。

由表 8.3-7 和表 8.3-8 试验前后土样的基本参数可以看出，未进行强夯的土层经 1kPa 的填土堆载作用，土样的密度增加了 2.48%、弹性模量增加了 1.39%，含水率减小了 0.71%，孔隙比减小了 4.73%、压缩系数减小了 7.91%、固结系数减小了 4.35%，渗透系数减小了 2.42%；经过强夯作用的土层实验前后土样的密度增加了 3.7%、弹性模量增加了 11.1%，含水率减小了 6.65%，孔隙比减小了 5.93%、压缩系数减小了 19.8%、固结系数减小了 22.2%，渗透系数减小了 22%；经过强夯作用的土样参数相对改变量均明显大于未进行强夯的土样参数，说明强夯作用对土性的改善有明显的作用。土样参数相对改变量见表 8.3-9。

强夯前后土层参数相对改变量 表 8.3-9

土层	参数平均值	ρ (g/cm^3)	w (%)	e	a (MPa^{-1})	E_s (MPa)	C_v (cm^2/s)	k ($10^{-8}cm/s$)
未强夯土层	加载前	1.9292	30.84	0.8039	0.415	4.235	0.0023	5.3175
	稳定后	1.9770	30.62	0.7659	0.382	4.294	0.0022	5.1887
	相对改变量	2.48%	-0.71%	-4.73%	-7.91%	1.39%	-4.35%	-2.42%

续上表

土层	参数平均值	ρ (g/cm^3)	w (%)	e	a (MPa^{-1})	E_s (MPa)	C_v (cm^2/s)	k (10^{-8}cm/s)
强夯土层	强夯前	1.9155	30.34	0.8124	0.404	4.553	0.0027	5.9195
	强夯后	1.9860	28.32	0.7642	0.324	5.034	0.0021	4.6040
	相对改变量	3.7%	-6.65%	-5.93%	-19.8%	11.1%	-22.2%	-22%

8.3.4.2　强夯作用等效荷载

根据规范法计算总沉降量和固结度理论计算公式，推算出与强夯作用相应的静荷载大小及固结时间，更能直观地反映强夯的加固效果。

现已知强夯作用下的最终沉降量及前后的孔隙比变化，可根据规范法计算沉降量公式和土层的参数反推出相应的静荷载大小，再根据固结度理论计算公式计算出该级荷载作用下达到相同固结度所需要的时间。在强夯作用下，土层最终沉降量为 10.548mm，通过试算得强夯对软土层的加固作用相当于 13.5kPa 均布荷载施加在软土层上固结沉降 86h，由此产生的固结沉降量与强夯作用产生的固结沉降量相当。计算结果如图 8.3-11所示。

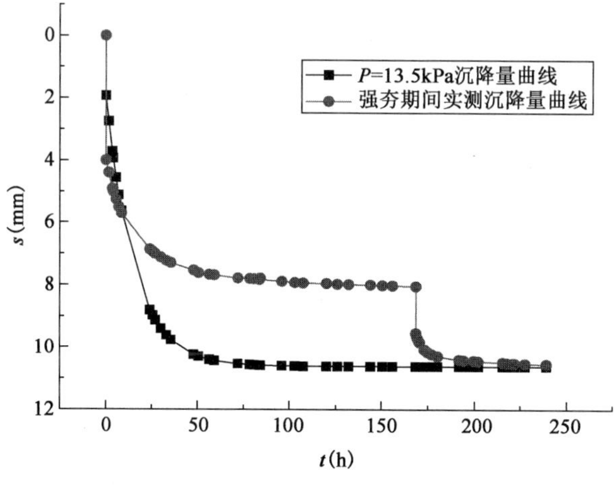

图 8.3-11　s—t 曲线（P = 13.5kPa）

8.4 本章小结

8.4.1 现场动力特性试验结论

本次现场强夯动力特性试验，得到了以下结论：

(1) 点夯累计夯沉量随夯击次数的增加而按双曲线函数 $s=P_1x/(P_2+x)$ 增大，其极限值等于最大夯沉量。2 区试验场地 P_1 在 81.9 ~ 362.5 之间，P_2 在 1.47 ~ 11.45 之间，3 区试验场地 P_1 在 158.8 ~ 231.2 之间，P_2 在 1.99 ~ 6.82 之间。

(2) 定义了土层抗力即完成单位夯沉量所需要的单位面积上的单击夯夯击能。土层抗力越大，土层抵抗变形的能力越大，随着夯击次数的增加，夯锤下土层压密、土层抵抗变形的能力也增强。用最后一击土层抵抗变形能力参数可以衡量土层的均匀性。

(3) 强夯加固软土地基引起的振动与爆破震动类似，振动作用时间极短，当夯击能一定时，振动持续时间的长短与夯击点到测点的距离，夯击点与测点之间的土层的性质有关。水平振动作用时间大于竖向振动作用时间。2 区水平振动持续时间在 0.15 ~ 1.04s 之间，竖向方向振动持续时间在 0.140 ~ 0.71s 之间。3 区水平振动持续时间在 0.25 ~ 0.85s 之间，竖向方向振动持续时间在 0.19 ~ 0.61s 之间。

振动主频取决于测点与夯点之间的土性，水平振动主频小于竖向振动主频。2 区场地水平振动主频 4.8 ~ 16.3Hz；竖向主频 4.7 ~ 23.6Hz。3 区场地水平振动主频 5.76 ~ 14.5Hz；竖向主频 7.51 ~ 19.26Hz。

(4) 测试结果表明，测点竖向峰值加速远大于水平峰值加速度，振动峰值加速度按指数函数 $a_{max}=a\exp(-br)$ 衰减。

2 区测试场地，在夯锤附近（距夯点 3.5m 处）最大竖向峰值加速度为 170.64m/s^2，最大水平峰值加速度为 70.7m/s^2，最大竖向峰值加速度与水平峰值加速度之比为 2.41。拟合曲线推出夯锤底中心处最大竖向峰值加速度为 814.7m/s^2，最大水平峰值加速度为 320.3m/s^2，最大竖向峰值加速度与水平峰值加速度之比为 2.54。

3 区场地竖向峰值加速大于水平峰值加速度，其比值在 1.3 ~ 5.0 之间。

由于测点不在夯锤底面以下，所以地表的加速度峰值不是最大值，在地表下 3m 处峰值加速度达到最大值，当夯点距测点的距离为 7.4m 时，测得的最大峰值加速度水平为 199.9m/s^2，竖向 561.0m/s^2其比值为 2.81。

十层峰值加速度向土层深度的衰减。强夯的作用相当于在土层中产生一个很大的动荷载，该荷载是一个体积力，其大小为土体密度与加速度的乘积，该动力荷载作用时间很短，在该动力荷载作用下土层中产生超孔隙水压力，超孔隙水压力消散，使得土层固结。

8.4.2　室内动力特性试验结论

本次室内强夯试验参考了强夯现场试验，根据室内试验的土层条件设计了室内试验，具体得到了以下结论：

（1）点夯累计夯沉量随夯击次数按双曲线函数增加而增大，但增量逐渐减小，有收敛稳定、趋于某一定值的趋势。由于在填土上直接进行了点夯，此时填土密实度不均匀，比较松，每一夯点的沉降量不均匀，所以开始的几击沉降量比较大。故先进行低能量满夯或普夯可以使填土密实度均匀，更利于高能量点夯发挥加固软土地基的作用。

（2）点夯后 50.5h，测压管内水位回到初始位置，此时土层的固结度为 83%，夯后 90.5h，测压管内水位不再变化，此时土层的固结度为 94%。可见，土固结压缩的过程也是孔隙水压力消散的过程，孔隙水压力充分消散，土层固结度可达 90% 以上。

（3）在 22.5N·m 的强夯能量作用下，各测点的振动持续时间在 0.08～0.26s之间，随着距离的增加振动持续时间及振动次数也增加了；地基的振动主频在 20～40Hz 的范围内，对一般民用建筑物，强夯作用不易引起共振破坏。

（4）在 22.5N·m 的强夯能量作用下，竖向峰值相对加速度随距离及深度的增加而迅速减小，其振动变化规律成负幂指数函数的形式衰减，强夯在竖直方向影响范围大于水平方向，在水平方向及竖直方向 3 倍夯锤直径处强夯能量衰减均超过 90%。

（5）试验后土样的密度、弹性模量均有不同程度的增加，而含水率、孔隙比、压缩模量、压缩系数、渗透系数则减小，且经过强夯作用的土样参数相对改变量明显大于未进行强夯的土样，这说明强夯作用使软土性质得到了明显的改善。

（6）根据强夯前后孔隙比的变化及实测沉降量可推导出22.5N·m的强夯能量作用相当于13.5kPa的均布荷载作用或1m厚的填土堆载预压作用86h，由此产生的固结沉降量与强夯作用产生的固结沉降量相当。可见强夯对软土地基的加固作用是相当大的。

参 考 文 献

[1] 杜东菊,等. 天津滨海吹填土[M]. 北京:科学出版社,2010.

[2] 中华人民共和国国家标准. GB 51064—2015 吹填土地基处理技术规范[S]. 北京:中国计划出版社,2015.

[3] 福冈正已. 最新软弱地基处理方法[M]. 丁玉芹译. 北京:中国铁道出版社,1988.

[4] Berry. P. L.. Wilkinson W. B. Radial consolidation of clay soils[J]. 1969(9):253-284.

[5] Han J. ,YE S. L. Simplified method for consolidation rate of stone column reinforced foundations[J]. Journal of Geotechnical, Geoenvironmental Engineering,2001(7):97-603.

[6] Fox P. J. , Di Nicola M. , Quigley D. W. Piece wise-linear model for large strain radial consolidation[J]. Journal of Geotechnical, Geoenvironmental Engineering, 2003(10):940-950.

[7] 洪振舜. 吹填土的一维大变形固结模型[J]. 河海大学学报,1987(6):27-36.

[8] 方开泽. 饱和软黏土的有限变形固结理论及其应用[J]. 河海大学科技情报,1986(3):25-38.

[9] TAN Tjonc-kie(陈宗基). Three dimensional theory on the consolidaton and flow of the clay layers[J]. Scince in China,Ser. A,1957(1):203-215.

[10] 朱昊,袁建新,等. 拖带坐标系下的固结理论及其变分原理[J]. 岩土力学,1990,11(1):11-17.

[11] 朱维新,等. 软土的预压加固[J]. 中国水利,1956(8):14-21.

[12] Barden L. , Younan N. A. Consolisation of layered clays[J]. Canadian Geotechnical Journal, 1969(6):413-429.

[13] Poskitt T. J. Consolidation of saturated clay with variable permeability, compressibility[J]. 1969(19): 234-252.

[14] Venkata Ratnam M. , Subrahmanyam G. Consolidation of anisotropic satu-

rated clay under three-dimensional drainage[J]. Journal of the Institution of Engineers (India civil engineering Division), 197(51):244-251.
[15] 张诚厚,等. 真空作用下面位置及排水管间距对预压效果的影响[J]. 岩土工程学报,1990(1):45-52.
[16] 蔡树棠. 泥浆的力学性质和砂粒在泥浆中运动时所受的阻力[J]. 应用数学和力学,1981(3):267-272.
[17] 娄炎. 真空预压加固软淤泥的研究[D]. 南京:水利水运科学研究院,1987.
[18] 洪家宝,等. 统一固结理论在吹填土中的应用[J]. 河海大学学报,1991(6):16-22.
[19] 王盛源. 饱和黏性土主固结与次固结变形分析[J]. 岩土工程学报,1992(5):70-75.
[20] 谢永利,等. 空间描述的三维有限变形固结理论[J]. 西安公路交通大学学报,1994(4):6-12.
[21] 房营光. 层状饱和黏性土砂井路基的固结变形分析[J]. 土木工程学报,1997(5):49-57.
[22] 李韬. U. L. 描述的大变形固结理论及其有限元分析[D]. 西安:长安大学,2001.
[23] 杨顺安,等. 深圳地区吹填淤泥的工程性质[J]. 地质科技情报,1997(1):87-91.
[24] 彭涛,等. 吹填淤泥的工程地质特性研究[J]. 工程勘察,1999(5):1-5.
[25] 王清,等. 海积软土的工程性质研究现状[J]. 世界地质,2000(3):253-257.
[26] 李丽慧,等. 真空排数预压下的应力路径分析[J]. 工程地质学报,2001(2):170-173.
[27] 陈建峰,等. 修正剑桥渗流耦合模型参数的估计[J]. 同济大学学报(自然科学版),2003(5):544-548.
[28] 刘莹,等. 吹填土沉降固化结构强度增长的机理[J]. 同济大学学报(自然科学版),2003(11):1295-1298.
[29] 刘莹,等. 吹填土室内模拟试验研究[J]. 岩土力学,2004(4):518-521.
[30] 王冠英,等. 不同地区海积土前期固结压力与结构强度的关系及成因

分析[D]. 长春:吉林大学建设工程学院,2004.

[31] 徐锴,梅国雄,宰金珉,等. 真空预压土体的变形研究[J]. 岩土力学,2007,28(11):2471-2474.

[32] 曹永华,等. 电渗固结理论及其局限性[C]. 深圳:第七届全国排水与加固技术研讨会,2008.

[33] 丁继辉,麻玉鹏,等. 有限变形下固流多相介质耦合问题的数学模型及失稳条件[J]. 水利水电技术,2004,35(11):18-21.

[34] 丁继辉,李风莲,等. 有限变形下固—液耦合渗透固结问题的数值分析[J]. 工程力学,2008(5):221-226.

[35] 龚镭. 从长期沉降观测资料分析次固结沉降[J]. 工程勘察,2009(5):10-12.

[36] 牛芩芩,等. 渗流作用下吹填土沉降的时效特征研究[A]//第三届全国岩土与工程技术大会论文集. 成都,2009.

[37] 叶国良,等. 超软土的工程性质分析[J]. 中国港湾建设,2010(5):1-9.

[38] 宋志刚,等. 吹填土固结变形速度影响因素的分析[J]. 路基工程,2010(3):18-20.

[39] 孙立强. 超软吹填土地基真空预压理论及模型试验的研究[D]. 天津:天津大学,2010.

[40] STOKES G G. On the effect of the internet friction of fluids on the motion of pendulums[J]. Trans. Cambridge Philo. Soc. 1951, 9(2): 89-106.

[41] IMAI G. Experimental studies on sedimentation mechanism and sediment formation of clay materials[J]. Soils and Foundations. 1981, 21(1): 7-20.

[42] 蔡树棠. 泥沙的群体沉降速度[J]. 应用数学和力学,1983(03):341-346.

[43] 刘立钰. 土工离心模型试验实践[J]. 河海大学学报,1986(03):109-118.

[44] 张耀哲. 非黏性均匀沙群体沉降运动沉速公式的研究[J]. 西北农林科技大学学报(自然科学版),2006(04):117-120.

[45] 詹良通,童军,徐洁. 吹填土自重沉积固结特性试验研究[J]. 水利学报,2008(02):201-205.

[46] 谢定义,陈存礼,胡再强．试验土工学[M]. 北京:高等教育出版社,2011.
[47] 杨坪,唐益群,王建秀,等．基于大变形的冲填土自重固结分析及离心模型试验[J]. 岩石力学与工程学报,2007(06):1212-1219.
[48] 张明．深圳前湾吹填淤泥固结性状研究[D]. 北京:中国铁道科学研究院,2010.
[49] 宋晶,王清,陈慧娥,等．高黏性高盐量吹填土固结过程孔隙分维特征[J]. 吉林大学学报(地球科学版),2010(02):361-367.
[50] 杨爱武,杜东菊,赵瑞斌,等. 吹填泥浆沉积模拟试验研究[J]. 辽宁工程技术大学学报(自然科学版),2010(04):617-620.
[51] 何洪涛,朱伟,张春雷,等. 分层抽取法在泥沙沉积过程中的应用研究[J]. 岩土力学,2011(08):2371-2378.
[52] 徐桂中,吉锋,翁佳兴,等．高含水率吹填淤泥自然沉降规律[J]. 土木工程与管理学报,2012(03):22-27.
[53] 熊雄,彭劼,张坤,等．温州吹填土的沉降特性研究[J]. 水利与建筑工程学报,2012(06):78-82.
[54] 李结全,欧孝夺,杨建伟,等．岩溶区铝土矿尾矿泥浆自重固结模型试验研究[J]. 广西大学学报(自然科学版),2012(01):152-159.
[55] 张楠,朱伟,王亮,等．吹填泥浆中土颗粒沉降—固结规律研究[J]. 岩土力学,2013(06):1681-1686.
[56] 王亮,朱伟,茅加峰,等．使用改进的分层抽取法研究淤泥沉积过程中的强度变化[J]. 岩土工程学报,2013(05):916-921.
[57] 倪晴. 欠固结土体自重固结沉降特性模拟分析[D]. 南京:南京理工大学,2013.
[58] 张明,刘国楠,赵有明．吹填淤泥自重固结性状研究[J]. 中国铁道科学,2013(05):15-20.
[59] 郭帅杰,王保田,张福海．沉积泥砂非线性大变形固结沉降计算模型[J]. 岩土力学,2013(10):3003-3010.
[60] 徐桂中,别学清,周金荥．低有效应力状态下疏浚泥不排水强度试验研究[J]. 科学技术与工程,2013(33):10042-11004.
[61] 张成良．吹填泥浆的沉积自重固结试验研究[J]. 路基工程,2013(06):

106-108.

[62] 高庄平,范云中,郭帅杰. 深圳湾淤积泥沙自重沉积固结试验[J]. 人民黄河,2014(02):33-36.

[63] 别学清,戴民忠,管图林,等. 海水环境下高含水率疏浚淤泥自然沉积规律研究[J]. 科学技术与工程,2015(04):273-277.

[64] 王年香,何宁,章为民,等. 充填土沉积特性试验研究[J]. 水利与建筑工程学报,2015(02):90-94,196.

[65] WINTERWERP J C. On the flocculation and settling velocity of estuarine mud[J]. Continental Shelf Research, 2002, 22(9): 1339-1360.

[66] 黄文熙. 十年来中国水利科学的成就[J]. 科学通报,1959,2:686-689.

[67] 中国人民解放军. 大型油罐工程中采用试水预压加固软弱地基[J]. 建筑技术通讯(建筑工程),1972(12):4-10.

[68] 陈环. 真空预压加固软基的理论与实践[J]. 工业建筑,1984(1):38-43.

[69] 徐胜,王媛. 真空预压法加固软土地基理论研究现状及展望[J]. 岩土力学,2006,27(10):943-947.

[70] 叶柏荣,等. 袋装砂井—真空预压法加固软土地基[J]. 港口工程,1983(1):26-30.

[71] 叶柏荣,等. 超软土地基加固技术[J]. 港口工程,1986(5):1-7.

[72] 曹大正. 吹填土真空预压快速疏干固结法[P]. 中国,CN1061823,1992-6-10.

[73] 曹大正. 低位真空预压软土地基加固抬高法[P]. 中国,CN97100652.0,1997-9-10.

[74] 朱超,等. 真空预压处理广州南沙区软基的加固深度探讨[J]. 岩土工程学报,2010,32(S2):422-425.

[75] 周雪娣,等. 真空预压在天津某造船基地加固软基工程中的应该[J]. 西部探矿工程,2010(2):15-17.

[76] 陈允进,等. 真空预压法加固吹填土的孔隙水压力试验研究[J]. 工程地质学报,2010,18(5):703-708.

[77] 宋晶,等. 吹填土自重沉积阶段孔隙水压力消散的试验研究[J]. 岩土力学,2010,31(9):2935-2940.

[78] 张中琼,王清,秦炎,等. 快速加固吹填土的室内模拟试验[J]. 吉林大学学报(地球科学版),2010,40(3):645-650.

[79] 艾英钵,刘兵,等. 真空预压加固地基固结简化计算方法[J]. 水利水电科技进展,2005,25(6):60-62.

[80] 董志良. 堆载及真空预压加固地基地下水位及测压管水位高度的分析与计算[J]. 水运工程,2001,331(8):15-19.

[81] 徐泽中,刘世同,等. 真空堆载联合预压法渗流分析[J]. 河海大学学报,2002,30(3):85-88.

[82] 龚晓南. 地基处理技术与展望[M]. 北京:中国水利水电出版社,2004:50-81.

[83] 王发国,等. 动力排水固结法浅析[J]. 土工基础,1997(1):21-24.

[84] 吴价城,林家栋. 国内软土地基处理现状与发展趋势[J]. 工程地质学报,2016(6):617-621.

[85] Menard L,Broise Y. Theoretocal and Practical Aspects of Dynamic Compaction [J]. Journal of Geotechnical Engineering, 1975, 25(1): 3-18.

[86] 徐至钧. 强夯和强夯置换法加固地基[M]. 北京:机械工业出版社,2004.

[87] 邱建金,等. 动力排水固结法在软基加固工程中的应用[J]. 工程勘察,1995(6):7-10.

[88] 徐金明,等. 强夯法加固软土地基的现场对比试验研究[J]. 工程勘察,1996(2):19-22.

[89] 郑颖人,等. 软黏土地基的强夯机理及其工艺研究[J]. 岩土力学与工程学报,1998,17(5):571-580.

[90] 叶为民,等. 强夯法加固饱和软土地基效果研究[J]. 岩土力学,1998,19(3):72-76.

[91] 朱爱民,等. 软土地基强夯加固效果初探[J]. 土工基础,1999,13(1):11-14.

[92] 周良忠. 强夯过程数值模拟技术[A]//第五届全国土动力学学术会议论文集[C]. 大连,1998.

[93] 郑颖人,陆新,李学志. 强夯加固软黏土地基的理论与工艺研究[J]. 岩土工程学报,2000,22(1):18-22.

[94] 童小东,蒋永生,龚维明. 强夯法加固地基的三维有限元动力分析[J]. 建筑结构,2000(5):46-48.

[95] 蔡袁强,陈仁伟,徐长节. 强夯加固机理的大变形数值分析[J]. 浙江大学学报(工学版),2005,39(1):65-69.

[96] 秦小勇,李晓杰,Dikvoeman. 基于 LS-DYNA 强夯冲击数值模拟[J]. 水运工程,2007(9):31-35.

[97] 田水,王钊. 强夯动力性能的显示非线性数值分析[J]. 岩土力学,2008,29(6):1580-1584.

[98] 薛茹,李广慧. 动力排水固结法加固软土路基孔隙水压力长消规律数值分析[J]. 铁道建筑,2011(3):85-87.

[99] Mitchell. J. K. Soil Improvement State-of-the-Art Reprot [J]. Proceeding of the International Conference on Soil Mechanics and Foundation Engigeering (XICSMFE), 1981(2): 261-317.

[100] Leon. F. J. Dynamic Pre-comaction Treatment-A Case History International Symoposium on Case [J]. Histories in Geotechnical Engineering. 1981: 1041-1051.

[101] Gambin M. P. Ten Years of Dynamic Consolididation [J]. Proceeding of the Eighth Conference for Afican on Soil Mechanics and Foundation Engineering. 1984: 363-370.

[102] 左名麒,朱树森. 强夯法地基加固[M]. 北京:中国铁道出版社,1990.

[103] 白冰. 冲击荷载作用下饱和软黏土孔压增长与消散规律[J]. 岩土力学,1998,19(2):33-38.

[104] 白冰. 动静结合法处理软基室内试验研究[A]//南京:第三届全国青年岩土力学与工程会议论文集[C]. 1998.

[105] 白冰. 冲击荷载作用后软黏土的再固结[J]. 长江科学院院报,1998,15(3):50-53.

[106] 陆新,郑颖人,周良忠. 软黏土地基强夯加固机理计算与推广应用[J]. 四川建筑科学研究,2002,28(1):50-52.

[107] 郑颖人. 软黏土强夯机理及工艺特点的探讨[A]//广州:第六届全国岩土力学数值分析与解析方法讨论会论文集[C]. 1998.

[108] 刘勇健,李彰明,林军华. 静动力排水固结法处理淤泥质软基的加固

效果分析[J]. 广东工业大学学报,2010(01):75-81.

[109] 霍海峰. 循环荷载作用下饱和黏土的力学性质研究[D]. 天津:天津大学,2012.

[110] Jessberger H. L. Heavy tamping: theoretical and practical aspects[C]. Soil Mechanics and Foundation Engineering Tenth International Conference, Vol, 3: 695-699.

[111] Matsui T. Behavior of clay on cyclic stress-strain history [C]. Soil Mechanics and Foundation Engineering Tenth International Conference, Volume 3.

[112] 陈凡. 冲击荷载作用下饱和土的动力特性[D]. 武汉:中国科学研武汉岩土力学研究所,1986.

[113] 徐献芝,李培超,李传亮. 多孔介质有效应力原理研究[J]. 力学与实践,2001,23(4):42-44.

[114] 张季超. 动力排水固结法处理软土地基的关键技术研究[J]. 施工技术,2012,41(379):42-45.

[115] Charles J. A. ,Burford D. and Watts K. S. . Field studies of the effectiveness of "Dynamic Consolidation"[C]. Soil Mechanics and Foundation Engineering Tenth International Conference Volume 3A. A. Bulkema, Rotterdam, 1981: 617-622.

[116] 裘以惠,郭玉玲,等. 中国建筑学会工程勘察学术委员会. 第二届工程勘察学术交流会议论文选集[C]. 北京:中国建筑工业出版社,1984.

[117] 王仁钟. 强夯加固软土地基的动态测试与分析[A]//第一届全国地基处理学术讨论会论文[C]. 上海,1986.

[118] 冯永烜,王彬,魏东. 强夯法加固机理的探讨[J]. 勘察科学技术,1988(2):27-30.

[119] 马晓轩,林碧华. 深圳黄田滨海淤泥工程地质特性及跑道地基弹塑性固结变形分析[A]//第四届全国工程地质大会论文选集(二)[C]. 北京:海洋出版社,1992.

[120] 丘建金,张旷成. 动力排水固结法在软基加固工程中的应用[J]. 工程勘察,1995(6):7-10.

[121] 徐金明,陈文财,张剑峰. 强夯法加固软土地基的现场对比试验研究

[J]. 工程勘察,1996(2):19-22.

[122] 何伟东. 强夯法与塑料排水板堆载预压法的研究分析与比较[J]. 建筑施工,2001,23(4):223-225.

[123] 李彰明,冯遗兴. 软基处理中孔隙水压力变化规律与分析[J]. 岩土工程学报,1997,19(6):97-102.

[124] 张建民. 强夯加固某仓库地基试验结果分析[J]. 地基基础工程,1998,8(4):58-64.

[125] 曾庆军,龚晓南,李茂英. 强夯时饱和软土地基表层的排水通道[J]. 工程勘察,2000(3):1-3.

[126] 刘祖德. 关于动力排水固结法及其在深圳宝安新城道路淤泥处理中应用的咨询意见[J]. 武汉水利电力学院学报,1995(3):134-150.

[127] Seed H B et al. Stabilztion of potentially liquefiable sand deposits using gravel drains. JrGeotech. Eng. Div. , 1977, 103(GT7).

[128] Seed H B,等. 砂土液化的孔隙水压力的变化[A]// 地基与基础译文集——砂土液化[M]. 北京:中国建筑出版社, 1979.

[129] 白冰,等. 动静结合排水固结法处理软基若干问题研究[J]. 四川建筑科学研究,2000.

[130] 陈全飞. 强夯法加固吹填软土地基试验研究和数值模拟[D]. 北京:北京交通大学,2011.

[131] 徐士龙,等. 快速“填水预压、动力压差排水”软地基固结方法[P]. CN 200610085544. 8,2006.

[132] 包国建. 快速消除不均匀沉降的软土地基处理工法[P]. CN 200610097705. 5,2006.

[133] 包国建. “短程超载真空预压—动力排水固结联合法”软土地基处理工法[P]. CN 20060097704. 0,2006.

[134] 吴价城,吴名江,林佳栋. 吹填堆载降水预压强夯联合软土地基处理工法[P]. CN 200710029977. 6,2007.

[135] 刘汉龙,徐士龙. 浅层振夯击密与深层爆炸挤密联合高真空井点降水地基处理方法[P]. CN 200710024872. 1,2007.

[136] 武亚军,吴价城,包国建. 振动增压快速固结软地基处理的方法[P]. CN 200710020236. 1,2007.

[137] 董志良,张功新,邱青长,等. 降水预压联合动力固结深层加固法[P]. CN 200810026767.6,2008.

[138] 聂庆科,胡建敏,等. 预排水动力固结加固软土地基的方法[P]. CN 200810055390.7,2008.

[139] 陈杰德,吴名江,吴价城,等. 快速增压预压法软地基处理方法[P]. CN 200910040105.9,2009.

[140] 吴名江,吴价城. 三向排水动力预压固结软土地基处理方法[P]. CN 201010163362.4,2010.

[141] 汪文彬. 截排水深层预压动力固结软地基处理法[P]. CN 201110462236.3,2011.

[142] 叶凝雯. 软土地基轻井塑排叠加真空预压法[P]. CN 201210016601.2,2012.

[143] 张小龙,刘宝臣,等. 短程超载真空预压动力排水固结法加固深厚淤泥软基工法研究[J]. 工程地质学报,2012,20(1):109-115.

[144] 吴价城,吴名江,孟宪鹏,等. 非均质场地软土地基立体式组合动力排水固结系统和方法[P]. CN201320174481.9,2013.

[145] 周顺万,周跃龙,等. 轻型井点降水联合强夯法在港口吹填砂场地的应用[J]. 公路,2013(1):196-199.

[146] 吴名江,乐绍林,等. 软土地基处理组合排水固结工法系列专利技术介绍[J]. 路桥技术,2014(6):54-58.

[147] 吴名江,蒋小鹏,等. 短程超载真空预压—动力排水固结联合法专利技术处理深厚极软淤泥研究[J]. 路桥技术,2014:59-62.

[148] 赵亚峰,乐绍林,等. 堆载降水预压强夯联合法加固吹填泥砂混填路基试验研究[J]. 路桥技术,2015(7):64-65.

[149] 陈进,吴名江,等. 复合排水固结技术处理新近吹填厚淤泥场地试验研究[J]. 路桥技术,2015(7):64-65.

[150] 徐少曼. 饱和黏性土地基不排水沉降的变化规律[J]. 岩土工程学报,1985(5).

[151] Casagrande A., The Deformation of the Preconsolidation Load and it's Practical Signification, Proc. Cenf. on SM and FE, 1936, Vol. 3. Skempton A. W. and Bjerrum L., A Contribution to the Settlement Analysis of Foun-

dation on Clay, Geotechnique,1957,7(4).

[152] 中华人民共和国国家标准. GB 50021—2001 岩土工程勘察规范[S]. 北京:中国建筑工业出版社, 2009.

[153] 中华人民共和国国家标准. GB/T 50123—1999 土工试验方法标准[S]. 北京:中国计划出版社, 1999.

[154] 丁继辉,段庆松,熊伟. Experimental Study on Dynamic Characteristics of Dynamic Drainage Consolidation in Soft Foundation Treatment[J]. International Journal of Engineering and Technical Research (IJETR), 2016, 5(3):194-197.

[155] 马娜. 强夯法处理软土地基的室内实验研究[D]. 保定:河北大学,2014.

[156] 丁继辉,马娜,全小娟. 堆载预压强夯组合排水固结法加固软土地基的室内试验研究[A]//第25届全国结构工程学术会议论文集[C],2016.

后　记

《吹填场地静动组合排水固结技术与实践》专著的完成，是武汉二航路桥特种工程有限责任公司自2007年以来在软土地基处理方面进行研究和实践的总结，是公司集体智慧的结晶。

武汉二航路桥特种工程有限责任公司成立于2003年11月，是在中国交通建设股份有限公司旗下由中交第二航务工程局有限公司和中交路桥技术有限公司共同组建而成的专业化工程公司。公司以桥梁加固和软基处理两大板块业务为核心，在桥梁检测、加固、拆除、索安装与更换、高速公路桥梁养护等方向形成了优势产业链，在软土地基处理、泥资源综合利用方面占据了行业技术高点。

公司拥有建设部桥梁工程专业承包一级资质、地基与基础工程专业一级资质、特种专业工程承包资质、交通行业公路养护工程施工一类从业资质，并获得质量、环境、职业健康安全管理体系认证，被国家认定为“高新技术企业”。公司参与组建国家发改委“桥梁结构安全技术国家工程实验室”，为国家级技术中心中交二航局技术中心的“桥梁改造与加固技术分中心”和“软基处理技术分中心”。公司现拥有200余人的优秀专业科技人才，其中本科以上学历占98%，教授级高工占4%，高级工程师占20%。

公司自成立以来，始终秉承中国交建“固基修道，履方致远”的使命，坚持“专业致力于创新、专业服务于社会”的企业精神，承担了福建鼎信固溶厂区、威海港新港区1#、2#围堰、余姚经济开发区滨海新城路网、瓯江口新区西片污水处理厂、汕头市东部城市经济带市政基础设施建设项目软基处理试验段、汕头东部新城市政道路滨海大道、珠海横琴新区市政技术设施非示范段主次干路市政道路、巴基斯坦瓜达尔东部新城等地基处理工程，公司在行业内取得了良好的信誉，得到了业主的充分肯定和好评。

近10年来，软基处理方面主要有吹填堆载降水预压强夯联合法、短程超载真空预压—动力排水固结联合法、快速消除不均匀沉降的软土地基处理方法、控制次固结沉降的软土地基处理方法、非均质场地软土地基立体式组合动力排水固结系统和方法等十余项发明专利，参编行业规范3项，出版专著1部，发表论文近百篇，上述科技研发成果源于生产又指导了生产，支撑公司取得了较好的经济社会效益，为形成公司核心竞争力、实现科技强企踏出了坚实的一步。

在此，特别要感谢“汕头市东部城市经济带市政基础设施建设项目软基处理试验段”、“福建福安市鑫茂冷轧硅钢有限公司新厂区吹填场地软土地基处理工程”、“余姚经济开发区滨海新城路网软基处理工程”项目部的现场技术人员。